新型太阳能电池中小分子材料设计与理论研究

张泽敏　著

电子科技大学出版社
University of Electronic Science and Technology of China Press
·成都·

图书在版编目（CIP）数据

新型太阳能电池中小分子材料设计与理论研究 / 张泽敏著. -- 成都 : 成都电子科大出版社, 2024. 6.

ISBN 978-7-5770-1036-6

Ⅰ. TM914. 4

中国国家版本馆 CIP 数据核字第 2024W7F930 号

新型太阳能电池中小分子材料设计与理论研究

XINXING TAIYANGNENG DIANCHI ZHONG XIAOFENZI CAILIAO SHEJI YU LILUN YANJIU

张泽敏　著

策划编辑　李述娜
责任编辑　李述娜
责任校对　熊晶晶
责任印制　梁　硕

出版发行　电子科技大学出版社
　　　　　成都市一环路东一段159号电子信息产业大厦九楼　邮编　610051
主　　页　www.uestcp.com.cn
服务电话　028-83203399
邮购电话　028-83201495

印　　刷　石家庄汇展印刷有限公司
成品尺寸　170 mm × 240 mm
印　　张　13.5
字　　数　200千字
版　　次　2024年6月第1版
印　　次　2024年6月第1次印刷
书　　号　ISBN 978-7-5770-1036-6
定　　价　88.00元

前　　言

Preface

本书介绍了几种新型太阳能电池的结构与原理，进一步引出了新型太阳能电池中小分子材料的设计与理论研究，讨论了设计分子的各种性质及其对光电材料相关性能的影响，这为实验上合成这些材料提供了有效的策略和可靠的理论指导。

本书第 1 章主要介绍了新型太阳能电池的结构与原理，着重介绍了染料敏化太阳能电池和钙钛矿太阳能电池的发展和研究现状，论述了染料敏化剂、空穴传输材料、电子传输材料、染料敏化太阳能电池和钙钛矿太阳能电池存在的问题。第 2 章主要阐述了新型太阳能电池光电材料理论体系，不仅详细介绍了每个理论的原理，列举了体系中所用的计算公式，还简单介绍了染料敏化太阳能电池和钙钛矿太阳能电池光电转换效率的表征方式和各个参数。第 3 章和第 4 章主要通过对噻吩嵌入敏化剂 π–A′–π–桥中和 π–桥中光电性质的理论研究，设计出了一系列新型有机非金属敏化剂分子；运用密度泛函理论及含时密度泛函理论，计算敏化剂分子的前线分子轨道和能系、光谱等；详细地研究了噻吩基团嵌入敏化剂分子的 π–桥中对染料敏化太阳能电池光伏性能的影响。第 5 章和第 6 章用密度泛函理论结合马库斯理论和爱因斯坦关系式详细研究了钙钛矿太阳能电池中共轭小分子空穴传输材料和含杂环空穴传输材料的几何结构、电子性质以及载流子传输等性质。第 7 章主要研究氢键对电子传输材料载流子迁移性质的影响。

本书通过对新型太阳能电池中不同结构小分子材料进行理论研究，不仅详细地从理论上分析了物质结构与性质的关系，还为获得高效敏化剂、空穴传输材料和电子传输材料提供了有用的设计策略。

本书可以为新型太阳能电池中小分子材料设计与理论研究相关专业的人员提供参考。在编写本书的过程中，著者参考了大量的新型太阳能电池的相关著作。在此，谨向有关作者以及对本书写作工作给予支持和关心的人们表示衷心的感谢！

由于著者水平有限，书中难免有不足，恳请同行及广大读者批评指正。

著　者

2024 年 4 月

目　录

Contents

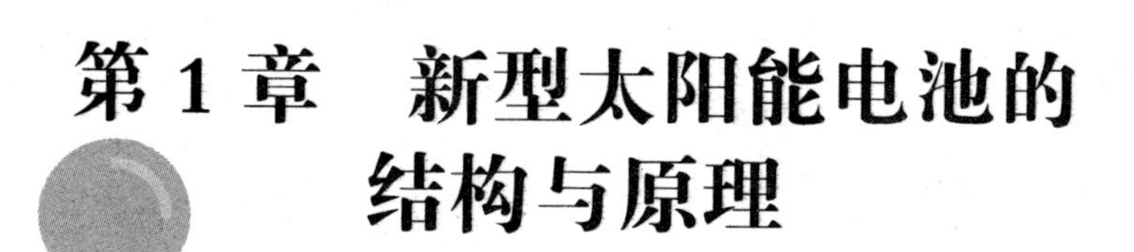

第 1 章　新型太阳能电池的结构与原理

1.1　太阳能电池的发展历史及研究现状

目前，工业化和城市化的速度逐步加快，随之而来的是环境受到影响。人们对自然资源的需求量不断增加，这将使煤、石油、天然气等不可再生能源的储备量越来越少。因此，开发绿色环保且可再生的能源刻不容缓。其中，太阳能作为一种可再生绿色能源受到众多研究领域的关注 [1-2]。一种利用光电效应或光化学效应把光能转化为电能的装置——太阳能电池——迎来了快速发展。太阳能电池由于具有绿色环保、成本低、原材料易得、使用寿命长、稳定性可靠、节省土地资源等优势，在一系列新能源材料中脱颖而出。同时，随着太阳能电池光电转化效率不断提高和成本不断降低，光伏产业的前景更为广阔。如今，太阳能电池的应用已从军事和航天领域进入日常生活，涉及工业、农业等多个领域。

根据电池材料的类型和研发阶段，一般将太阳能电池分为三代，并且由于半导体材料的类型不同，每一代太阳能电池的整体效率和性能差别很大 [3-4]。

第一代和第二代为晶体硅系列太阳能电池。这两代的光伏电池技术发展得比较成熟，并且已经投入大规模的商业化生产。晶体硅系列太阳能电池主要包含单晶硅太阳能电池、多晶硅太阳能电池、非晶硅薄膜太阳能电池、化合物 [包括铜铟镓硒（$CuInGaSe_2$）和碲化镉（CdTe）等] 薄膜太阳能电池等。

第三代太阳能电池目前还处于研发阶段，本书将其统称为新型太阳能电池，包括染料敏化太阳能电池、有机太阳能电池、钙钛矿太阳能电池等。不同太阳能电池材料的特性见表 1.1 所列。

表1.1　不同太阳能电池材料的特性

光伏技术	材料类型	实验室转换效率	量产转换效率
第一代太阳能电池（硅片技术）	单晶硅太阳能电池	24.70%	23.00%
	多晶硅太阳能电池	20.30%	18.50%
第二代太阳能电池（薄膜技术）	非晶硅薄膜太阳能电池	12.80%	8.00%
	$CuInGaSe_2$ 薄膜太阳能电池	19.80%	12.00%
	CdTe 薄膜太阳能电池	19.60%	13.00%
第三代太阳能电池（多结技术）	染料敏化太阳能电池	22.70%	18.00%
	有机太阳能电池	6.77%	1.00%
	钙钛矿太阳能电池	25.50%	—

1.2　硅基太阳能电池

第一代太阳能电池为硅基太阳能电池，它凭借较为成熟的技术和较高的光电转化效率在光伏市场上占有巨大份额。硅材料由于光电转换效率高、性能稳定、材料来源范围广等优势被广泛运用在太阳能电池材料中，国内 90% 左右的太阳能电池采用的是晶硅材料。目前，硅基太阳能电池在实验室的光电转换效率已经达到 25%，其中单晶硅太阳能电池在实验室的最高转换效率达到了 24.7%[5]。因此，第一代太阳能电池一直受到业界人士的青睐。随着技术的进步和生产成本的降低，光伏技术不断提升。有学者将硅材料厚度减薄来减少硅材料的使用[6]，用化学蚀刻法制备了一种可弯曲单晶硅系统。当硅片厚度小于 100 μm 时，硅片在外力作用下不仅可弯曲形变且不会损坏，而且去除外力后弯曲的硅片可恢复原貌。这种硅薄膜材料具备柔性特质，不仅易于携带，还不易损坏，是目前单晶硅材料领域较新的技术成果，有良好的应用前景。然而，太阳能电池中高纯硅的使用面临高成本和高耗能的难题，制约了硅基太阳能电池的产业化应用[7]。因此，在光伏技术不断改进的过程中，第二代非晶硅薄膜太阳能电池和多晶硅薄膜太阳能电池应运而生。

1.3　膜太阳能电池

第二代太阳能电池主要包括以甲硅烷（SiH_4）或三氯硅烷（$SiHCl_3$）为硅原料制作的非晶硅薄膜电池和多晶硅薄膜电池，以及各类化合物薄膜太阳能电池。这类薄膜太阳能电池能容纳更多的缺陷密度，因此得到了迅猛发展[8]。

非晶硅材料为直接带隙的半导体，其光吸收范围比较广泛，所需的光吸收层厚度较小。因此，非晶硅薄膜太阳能电池可以做得比单晶硅太阳能电池更薄，一般光吸收薄膜总厚度在 1 μm。非晶硅薄膜太阳能电池因其光吸收系数大、弱光效应好、生产成本低、适于规模化生产等优点[9]，已得到光伏产业市场的关注。近年来，非晶硅太阳能太阳能电池的研究进展主要集中于光电转化效率的提高、如何大面积生产以及低温制备工艺三个方面。Villar 等人利用热丝化学气相沉积技术在低于 150 ℃的温度下制备出了一款光电转换率可达 4.6% 的非晶硅薄膜太阳能电池[10-11]。

多晶硅薄膜太阳能电池具有很多优势，如既有传统块状晶硅太阳能电池光电转换效率较高、材质毒性低、原料来源范围广的优势，又有新型薄膜太阳能电池节约晶硅资源、降低制造成本的优势。传统块状晶硅太阳能电池一般由厚度为 350 ～ 450 μm 的高纯多晶硅或单晶硅片制得，这种硅片经提拉或浇铸工艺从硅锭上锯割而成，因此在实际生产环节中浪费了较多的硅材料。为了节约用料，研究者经过大量实验论证总结出在低成本的衬底材料上生长晶硅薄膜来作为太阳能电池激活层的解决方案。日本钟渊化学工业公司（Kaneka）采用等离子增强化学气相沉积技术在玻璃衬底上制备出具有 p-i-n 结构、总厚度约为 2 μm 的多晶硅薄膜光伏电池，其光电转换效率可达 12%[12]。

为了降低晶硅太阳能电池的生产成本，研究者先后研制出了多晶硅薄膜太阳能电池和非晶硅薄膜太阳能电池。但是，随着研究的逐渐深入，人们发现多晶硅薄膜的晶粒尺寸达到 100 μm 时才能展现出良好的光电转换性能，并且大晶粒、转化效率高的高纯多晶硅薄膜的生产工艺比较复杂；非晶硅薄膜太阳能电池的转化效率较低，且存在光致衰退效应。基于以上问题，研究者开始对微晶硅薄膜电池进行相关研究。微晶硅薄膜太阳能电池的制备工艺与非晶硅薄膜太阳能电池兼容，且光谱响应更宽，基本无光致衰退效应[13]。Smirnov 等人通过优化运行条件，将串联微晶硅薄膜电池的光电转换效率提高到 11.3%[14]。Wang 等人采用热丝化学气相沉积技术制备过渡层，所得微晶硅太阳能电池的转换效率在光照 1 000 h 后的衰减低于 10%，具有较好的稳定性[15]。Finger 等人同样采用热丝化学气相沉积技术制备过渡层结构，所得微晶硅单质结薄膜电池光电转换效率为 10.3%，且稳定性较好[16]。

化合物薄膜太阳能电池主要包括铜铟镓硒（$CuInGaSe_2$）薄膜太阳能电池、碲化镉（CdTe）薄膜太阳能电池、砷化镓（GaAs）薄膜太阳能电池和铜锌锡硫（Cu_2ZnSnS_4）薄膜太阳能电池。其中，铜铟镓硒薄膜太阳能电池在各种化合物薄膜太阳能电池中占有优势，铜铟镓硒薄膜太阳能电池由于材料有较佳的光学能隙、吸收率高、抗辐射能力强和稳定性好等优点受到了广泛的关注，并且被研究者称为有希望获得大规模应用的太阳能电池之一。2011 年，铜铟镓硒薄膜太阳能电池光电转换效率已达到 17.2%[17]。碲化镉薄膜太阳能电池具有成本低、转换效率高且性能稳定的优势，在技术上发展相对较快。赵守仁等人制备的碲化镉薄膜太阳能电池的转换效率达到了 11%[18]。然而，构成碲化镉薄膜太阳能电池的碲（Te）和镉（Cd）元素都属于有毒元素，进行市场化后所引起的安全和环保问题需要高度重视[19]。值得一提的是，1954 年，韦克尔（Weckl）首次发现砷化镓材料具有光生伏特效应后，这类光伏材料一直备受关注。1974 年，砷化镓薄膜太阳能电池被制作出来，光电转换效率的理论值为 22% ～ 25%[20]。1987 年，美国的亚硅科技公司（ASEC）成功地用锗（Ge）单晶代替砷化镓作为外延衬底，制备出 GaAs/Ge 太阳能电池。目前，GaAs/Ge 太阳能电池的最高光电转化效率超过了 20%，并且在实际生产过程中转化效率已经变为 19% ～ 20%。2011 年，美国国家可再生能源实验室（NREL）研制了小面积（0.99 cm^2）砷化镓薄膜太阳能电池，光电转化效率达到了 28.3%；同时，其制备的面积为 856.8 cm^2 的砷化镓薄膜太阳能电池组件效率也达到了 23.5%[21-22]。尽管砷化镓薄膜太阳能电池具有优异的性能，但是存在铟和镓稀缺的问题。

Cu_2ZnSnS_4 薄膜是替代砷化镓薄膜太阳能电池吸收层的最佳选择之一，原材料铜（Cu）、锌（Zn）、锡（Sn）、硫（S）在地壳中储量丰富。铜锌锡硫是一种直接带隙半导体材料，光学吸收系数超过 10^4 cm^{-1}，光学带隙在 1.45 eV 左右，非常接近光伏电池的理想带隙（1.4 eV），理论上可达到单结电池的最高转换效率。铜锌锡硫薄膜太阳能电池目前尚处在实验室研究到中试研究阶段，目标是使用相对便宜、丰富的原材料获得最大的转换效率[23-27]。

然而，以上不同类型的第二代太阳能电池，因能造成严重的环境污染、制造成本高昂、元素稀缺等问题而暂时不能大规模应用[28]。在各方研究者的努力下，第三代太阳能电池被提出并制备。第三代太阳能电池主要指具有高转换效率的一些新概念电池，如染料敏化太阳能电池（DSSCs）[29]、有机太阳能电池[30]等。这一类电池由于成本低廉、原料丰富等优势而能够迅速发展[31-32]。其中，由 O'Regan 等人以多吡啶钌（Ⅱ）敏化剂为光吸收层制备的染料敏化太阳能电池的光电转化效率获得突破性增长[31]，同时染料敏化太阳能电池因为生产成本低且环保而受到人们的高度重视[33-36]，最高的光电转换效率已经超过 13%[29]。染料敏化太阳能电池中的一种介质仅输运一种载流子，将光吸收过程与载流子输运过程分离，很大程度上避免了硅基、薄膜太阳能电池中载流子复合和寿命短的缺点。

1.4 染料敏化太阳能电池

1.4.1 染料敏化太阳能电池的结构与原理

染料敏化太阳能电池的结构和原理如图 1.1 所示，一般主要由玻璃衬底、多孔二氧化钛层、吸附在二氧化钛表面的染料敏化剂吸收层、对电极以及填充在两极板之间的电解质五部分组成。当入射光照能量满足染料敏化剂激发所需能量时，敏化剂被激发产生电子，光生电子注入二氧化钛导电层再被收集到光阳极，通过外电路流向对电极，形成电流；被激发的敏化剂被电解质还原为基态，而被氧化的电解质则吸收到达对电极的电子还原，完成整个光电循环过程，使光能转换为电能。

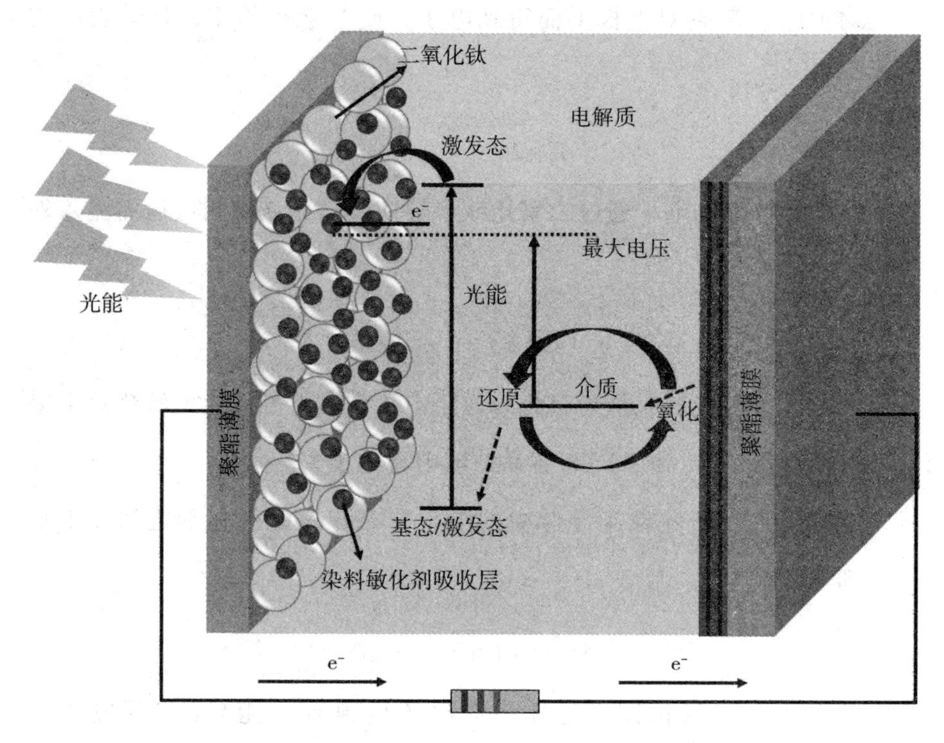

图 1.1　染料敏化太阳能电池的结构和原理示意图

具体的过程表示如下[37]：

（1）基态的染料敏化剂吸收光能激发，由基态（S^0）跃迁到激发态（S^*），即

$$S^0+h\upsilon \longrightarrow S^*$$

（2）被激发的敏化剂分子中的电子被注入半导体的导带中，即

$$S^* \longrightarrow S^+ + e^-(CB)$$

（3）I^- 还原处于氧化态的敏化剂，染料敏化剂实现再生，化学表达式如下：

$$3I^- + 2S^+ \longrightarrow I_3^- + 2S$$

（4）I_3^- 扩散到对电极上而得到电子，使 I^- 获得再生，化学表达式如下：

$$I_3^- + 2e^- \longrightarrow 3I^-$$

（5）导带中的电子通过二氧化钛半导体传输到玻璃衬底后而流入外电路中，即

$$e^-(CB) \longrightarrow e^-(BC)$$

然而，通常在形成整个电流的通路中，存在不利于光电转化效率提高的两个过程（6）和（7），容易造成电流的损失。

（6）注入二氧化钛半导体中的电子与氧化态的敏化剂之间发生复合，即

$$S^+ + e^-(CB) \longrightarrow S^0$$

（7）注入二氧化钛半导体中的电子也很有可能与I_3^-之间发生复合，即

$$I_3^- + 2e^-(CB) \longrightarrow 3I^-$$

因此，为了提高染料敏化太阳能电池的光电转换效率，一般采取改进敏化剂分子结构的方法来避免半导体中的电子与氧化态敏化剂之间发生复合以及注入二氧化钛半导体中的电子与 I_3^- 之间发生复合。作为染料

敏化太阳能电池中较为核心的一个组成部分，光吸收层中的染料敏化剂吸收光能是能量转换过程的第一步。因此，通过寻找或改进的方式来获得合适的有机分子是染料敏化太阳能电池研究领域的热点问题，同时探索敏化剂分子的结构、电子性质和光谱性质是非常重要的。

1.4.2　染料敏化剂

敏化剂在染料敏化太阳能电池中起着吸收可见光并提供电子的作用，是组成整个电池的关键部分。高性能的染料敏化剂不仅要能够很好地吸附在半导体表面，而且染料敏化剂的禁带宽度需要比半导体薄膜的禁带宽度窄，敏化剂的氧化态电位要比半导体的导带电位低，还原态电位要比氧化还原电解质的电位高。通常，染料敏化太阳能电池的性能与以下几个参数有关：短路电流密度（J_{sc}）、开路电压（V_{oc}）、填充因子（FF）和能量转化效率（η）[34]。敏化剂分子中最高占据轨道（HOMO）和最低空轨道（LUMO）之间的能隙是反映能量转化效率的重要参数。低的能隙可促进分子内电荷转移，并对紫外可见光区具有较强的吸收。此外，电子注入自由能（ΔG_{inject}）、再生驱动力（ΔG_{reg}）和偶极矩（μ_{normal}）等其他关键参数与染料敏化太阳能电池的性能也密切相关[38]。一般情况下，较高的电子注入驱动力能有效地将激发的电子注入半导体；较大的再生驱动力和偶极矩能有效地将激发后的染料还原，实现染料再生的目的。对染料敏化剂进行分子改进通常是提高电池光电转换效率的集中突破口。高效的染料敏化剂[39-41]需要满足以下条件。

（1）敏化剂的光谱属性（包括波长范围和摩尔吸光系数）决定着染料敏化太阳能电池的光捕获效率。因此，敏化剂需要在可见光区甚至红外光区有良好的吸收[42]。好的光吸收能力是光电转换过程的第一步。

（2）染料敏化剂的前线分子轨道（HOMO 和 LUMO）能量影响电子注入过程和敏化剂的再生过程。性能良好的敏化剂分子激发态能级必须高于二氧化钛半导体导带边缘能级，确保受激发的电子能有效注入二氧化钛半导体中；同时敏化剂的氧化还原势能必须高于电解液中氧化还原点对的电位，以保证有效的敏化剂再生[43-45]。

（3）敏化剂分子需具备合适的结构。合适的结构使得分子间的空间位阻足以保证敏化剂分子间或敏化剂分子与电解质之间不发生堆积或聚集现象[46]。

（4）敏化剂分子需要具备合适的锚固基团。合适的锚固基团有利于染料敏化剂吸附在二氧化钛半导体表面。锚固程度越好，电子注入效率越高。常见的锚固基团有—COOH、—SO_3H、—PO_3H_2、—OH 等[47]。

（5）敏化剂分子要具有较长的激发态寿命。激发态寿命越长，越有足够的时间促进利受激发电子注入半导体导带中[43]。

（6）具备良好的光稳定性能够使染料敏化太阳能电池保证一个较长的使用寿命[48]。

基于这些条件，经过各领域研究者努力钻研，大量高效的染料敏化剂被设计出来并被应用于染料敏化太阳能电池器件中，使得染料敏化太阳能电池的性能逐步提高。常见的染料敏化剂有天然染料敏化剂、金属有机敏化剂、非金属有机敏化剂三类。

天然染料敏化剂无毒环保，最容易获取，且成本低廉。常见的天然染料敏化剂通常可以从水果、花以及植物的叶片中提取。但是，天然染料敏化剂运用在染料敏化太阳能电池中，所获得的效率低下，其应用受到限制，最高的能量转换效率仅为 1.70%[49]。

金属有机敏化剂指的是金属配合物敏化剂，这种敏化剂的结构特点为中心金属离子与锚固基团和至少一个辅助配体结合。典型的代表有钌（Ru）复合物、锌卟啉复合物、钴卟啉复合物、钴复合物敏化剂等[50, 51]。N3、N719 以及黑染料（black dye）等三种染料是最具代表性的三种金属钌染料敏化剂，它们的光电转换效率均超过了 10%，是光伏性能非常优秀的染料敏化剂。卟啉类染料敏化剂一般是由卟啉环和中心金属原子（如 Fe、Mg、Zn 等）配位而成。因其对光和热有较好稳定性，以及在 425 nm 左右的区域（B 带）有明显的光吸收和在 550 nm 左右的区域（Q 带）有吸收而成为很多科研学研究的新焦点[52-54]。尽管其在 Q 带的吸收较弱，但通过结构的修饰能够弥补这一缺陷，使其光谱产生较大的红移和较强的吸收。此外，贵金属钌价格高，对环境有污染，而金属卟啉、金属酞菁等染料可节约贵金属，这类染料成本低、吸光系数高，得到了迅速的发展。但是，卟啉染料在红光附近及近红外区无吸收，这也导致其吸光效果不理想。

基于此，非金属有机敏化剂吸引了更多研究者的注意，因为非金属有机敏化剂不仅价格低廉，还具有更高的吸光系数和电化学性能。较为常见的非金属有机敏化剂是供体 -π- 共轭桥 - 受体（D-π-A）型结构，如三苯胺类[55-56]、二氢吲哚类[57-58]、香豆素类[59-60]、二萘嵌苯类[61]、咔唑类染料敏化剂[62]。因此，非金属染料敏化剂在设计方面取得了很大的进展。

1.4.3　染料敏化太阳能电池存在的问题及展望

虽然染料敏化太阳能电池取得了很大的进步，但仍面临以下挑战。

（1）尽管染料敏化太阳能电池利用纳米结构与高吸收的有机染料分子克服了其他太阳能技术中的一些不足，但由于有机敏化剂是单分子吸附，为保证光能的充分吸收，吸收层厚度要在 10 μm 以上，这在全固态电池中难以实现。为解决上述矛盾，染料敏化太阳能电池需要寻找量子点、超薄半导体吸收层、超高消光系数的有机－无机染料来实现更薄吸收层下的完全光吸收[63]。

（2）染料敏化太阳能电池使用的是液态电解液，必须充分考虑其封装、稳定性、使用寿命等[64]，要寻找能够高速传输载流子的全固态材料来替代染料敏化太阳能电池中的液态电解液。

（3）染料敏化太阳能电池中存在能量损失，处于基态的敏化剂分子吸收大于其 HOMO-LUMO 能级差的能量后，将会由基态转变为激发态；处于激发态的敏化剂分子不稳定，在没有其他耗散通道的条件下会以非辐射方式弛豫至敏化剂分子的 LUMO 轨道，从而导致能量损失。同时，电子注入二氧化钛半导体之后，处于氧化态的敏化剂分子被还原至中性，这一过程需要消耗一定的能量。

（4）在染料敏化太阳能电池的器件中，电子在传输过程中很容易出现注入二氧化钛半导体中的电子与氧化钛敏化剂之间的复合过程，以及注入二氧化钛中的电子与 I_3^- 之间的复合过程，这是导致染料敏化太阳能电池效率提升不上去的一个重要原因。未来还需要深入探究其机理，进一步掌握电子传输的过程，尽量避免电子的损失。

（5）作为染料敏化太阳能电池的重要过程之一，染料敏化剂再生过程的机理实验或理论研究都比较少，其热力学、动力学性质以及中间体的化学本质需要人们进一步确定，其中涉及的固液界面问题也比较复杂，需要从实验和理论两方面进行深入探究。

（6）染料敏化太阳能电池的经典结构是 D-π-A 结构。研究发现，在 D-π-A 结构中加入一个辅助受体，组成 D-A-π-A 型染料敏化剂，或

者加入一个辅助 π- 桥，组成 D-π-A′-π-A 型染料敏化剂，有利于减小 HOMO-LUMO 带隙，扩大光谱吸收范围，增强电子转移能力，增强敏化剂分子的光稳定性。因此，很多研究者将目光投向设计新型 D-A-π-A 和 D-π-A′-π-A 型染料敏化剂上，但是关于辅助受体和辅助 π- 桥在 D-A-π-A 结构上位置的不同对染料敏化太阳能电池的光伏性能的影响的研究比较少。未来应该对敏化剂分子朝着辅助受体和辅助 π- 桥的结构改进进行研究和探讨。

总之，通过多年的研究与发展，染料敏化太阳能电池在实验和理论两方面已经取得了相当大的进步。这为人们进一步设计新型高效的敏化剂材料打下了坚实的基础。为了进一步提升染料敏化太阳能电池的性能，还需要对一些基础性问题和原理进行更深入的探究与解释，发展出一种全新的全固态高效钙钛矿太阳能电池。

1.5　钙钛矿太阳能电池

1.5.1　钙钛矿太阳能电池的结构与原理

2009 年，Kojima 等人首次提出钙钛矿太阳能电池（PSCs），其独特的光电性质和超高的能量转换效率迅速引起了光伏领域研究者的广泛关注 [65-66]。Li 等人使用钙钛矿作为光吸收材料运用在固态钙钛矿太阳能电池中获得了较高的效率，最新的钙钛矿太阳能电池的能量转化效率达到了 25.5%[67-68]。此外，钙钛矿 - 硅串联器件最近实现了 29.15% 的能量转换效率 [69]。

钙钛矿太阳能电池结构简单，由透明电极、电子传输层、钙钛矿吸光层、空穴传输层、金属电极等五部分构成。典型的钙钛矿太阳能电池结构如图 1.2 所示，钙钛矿太阳能电池的工作原理如图 1.3 所示，图 1.3 中的箭头表示钙钛矿层经过光吸收产生的电子和空穴分别朝着电子传输层和空穴传输层移动而产生电流，从而实现能量转换过程。简而言之，钙钛矿吸收剂 / 本征半导体吸收具有足够能量的光子，用于产生自由载流子。然后，由光辐射产生的电子和空穴分别被电子传输层和空穴传输层提取和传输。提取的载流子通过欧姆接触收集到简并电极或金属电极上。电流通过外部负载，实现了太阳能到电能的转换。光吸收层中的材料通常以有机-无机杂化钙钛矿（$CH_3NH_3PbX_3$，X=Cl、Br 和 I）制备。这种有机-无机杂化钙钛矿材料具有很多优点：第一，能够发生高效的入射光吸收、光生载流子激发、分离、传输等多个反应；第二，具有较高的消光系数，光吸收能力比其他有机染料高 10 倍以上，400 nm 厚的薄膜即可吸收紫外 - 近红外光谱范围内的所有光子 [70]；第三，具有合适的带隙宽度，约为 1.5 eV；第四，载流子寿命远长于其他太阳能电池，在全光照下还获得了较高的开路电压；第五，能高效地进行电子和空穴传输，其空穴传输长度大于 1 μm[71]。然而，人们一般不希望发生的过程包含钙钛矿层和界面内的电荷复合过程。为了提高设备的性能，应该促进发生理想的过程，抑制发生不良的界面电荷复合过程 [72-73]。尽管无电子传输层或空穴传输层的钙钛矿太阳能电池器件已被成功证明可以简化制造工艺，但由于钙钛矿 / 电极界面处较低的载流子选择性 / 明显的电荷复合，其整体性能远低于传统的电子传输层和基于空穴传输层的器件 [74-76]。

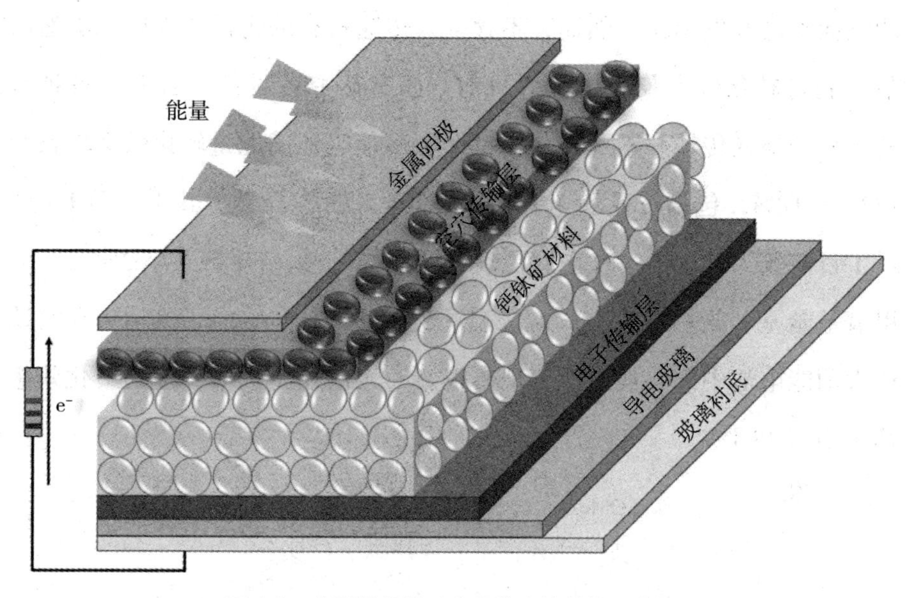

图 1.2　典型的钙钛矿太阳能电池结构示意图

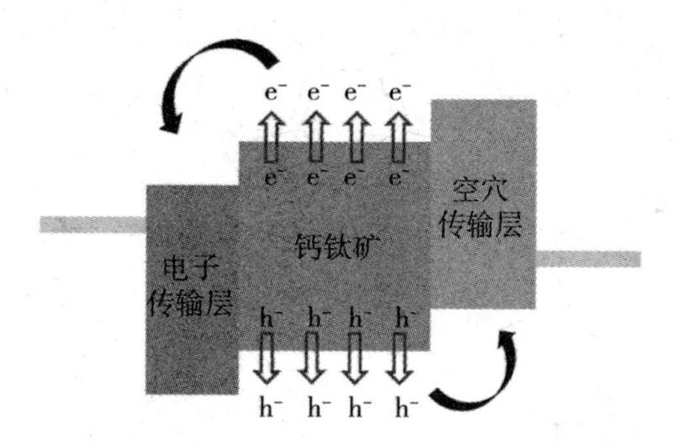

图 1.3　钙钛矿太阳能电池中电子传输层和空穴传输层作用示意图

1.5.2　空穴传输材料（HTMs）

钙钛矿太阳能电池运用有机或无机材料作为空穴传输层，其空穴传输材料可以降低空穴收集电极处的电荷复合，从而增强开路电压，减少电荷的损失并提高内量子效率。因此，空穴传输材料作为钙钛矿太阳能电池中重要的结构，对钙钛矿太阳能电池吸光层与电极之间的电荷分离和空穴传输起到了关键的作用。当然，不含空穴传输材料的钙钛矿太阳能电池也已开发出来。然而，不含空穴传输材料的钙钛矿太阳能电池的最高能量转化效率仅为 10%。目前，已有研究者设计并合成了各种有机小分子空穴传输材料，使得钙钛矿太阳能电池的能量转化效率增长为 16% ~ 18%，包括三苯胺（TPA）、咔唑、萘等[77-78]。其中，图 1.4 展示了目前较为常用的一种空穴传输材料 2，2′，7，7′- 四 [*N*，*N*- 二（4- 甲氧基苯基）氨基]-9，9′- 螺二芴（Spiro-OMe TAD），其运用在钙钛矿太阳能电池中能够使电池表现出很好的光伏性能[79-82]，能量转化效率达到 20% 以上。

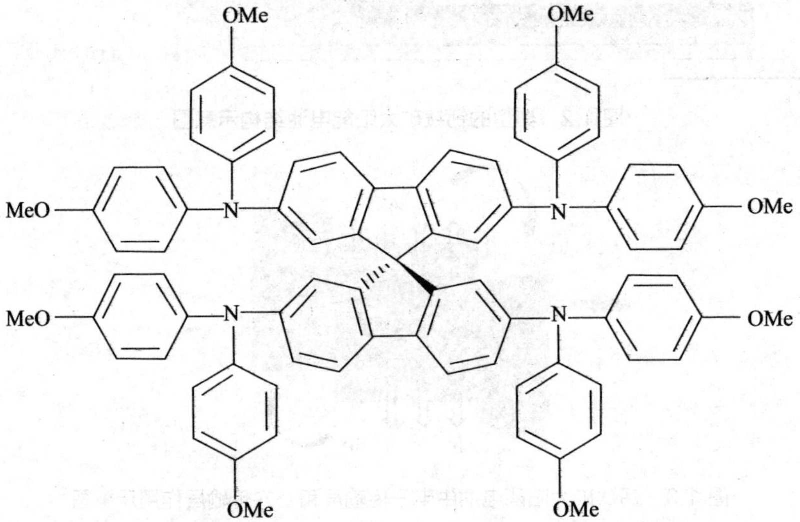

图 1.4　钛矿太阳能电池中典型的空穴传输材料 Spiro-OMe TAD

然而，Spiro-OMe TAD 昂贵且复杂多步的合成和较低的固有空穴迁移率（3.7×10^{-4} $cm^2\cdot V^{-1}\cdot s^{-1}$）[83] 使其无法在钙钛矿太阳能电池中大规模应用。一些聚合物空穴传输材料应运而生，一种咔唑单元的衍生物 [4，40- 双（*N*- 咔唑基）-1，10- 联苯]（PPN）聚合物被合成并作为空穴传输材料。该聚合物被用作倒置的以 $CH_3NH_3PbI_3$ 为钙钛矿吸收层、以C60为电子传输层的钙钛矿太阳能电池的器件中，获得了良好的效率[84]。在这种电池配置中，PPN作为空穴传输材料使电池器件获得了970 mV的开路电压（V_{oc}）和12.8%的能量转换效率（power conversion efficiency，PCE）。此外，另一种简单的聚噻吩（PT）聚合物在倒置钙钛矿太阳能电池器件结构上使用6 nm的最佳厚度，平均效率达到了14.7%[84]。

由于已知典型的材料Spiro-OMe TAD是一种良好的空穴传输材料选择，因此研究者制备了其他螺核的空穴传输分子，并且运用到钙钛矿太阳能电池中，获得了相对较好的能量转换效率。以对甲氧基取代的三苯胺基连接的螺环[2，1-*b*：3，4-*b*′]二噻吩（螺CPDT）为基础的空穴传输分子，在没有掺杂剂的情况下在钙钛矿太阳能电池中进行了测试，取得了相当好的测试效果[85]。2016年，空穴传输材料2′,7′-二[4-（甲氧基苯基）氨基]螺[环戊二烯并[2，1-*b*：3，4-*b*′]二噻吩-4，9′-芴]（FDT）运用在钙钛矿太阳能电池中，能量转化效率达到了20.2%[86]。FDT沿用了螺核的特征，与Spiro-OMe TAD不同的是，FDT减少了两个三苯胺支链，同时将螺核上的两个苯环改进为噻吩基团，不仅有效降低了FDT分子的合成成本，而且此材料运用在钙钛矿太阳能电池器件中，获得了能与Spiro-OMe TAD媲美的能量转换效率。FDT的成功让很多研究者打开了设计思路，开始对空穴传输分子的支链和核心进行改进。

同年，2，2′，7，7′-四[*N*，*N*-二（甲氧基苯基）氨基]-9，9′-二芴（KR216）作为空穴传输材料使用在钙钛矿太阳能电池中已达到17.8%的能量转化效率[87]。KR216与Spiro-OMe TAD只有微小的差别，KR216的设计是仅仅将螺核改进为双键，这一个小改进在获得较高能量转换效率的前提下很大程度上降低了空穴传输分子的合成成本。由于 KR216 的微小改进获得了较大的效果，研究者开始研究并改进共轭型小分子空穴传输材料。一种新型空穴传输材料四 {4-[*N*，*N*-（4，4′-二甲氧基二苯胺）] 苯基 } 乙烷（TAE-1）是一种与 Spiro-OMe TAD 非常相似的分子，唯一的区别是用两个双键来取代分子中心的双键并进行连接。并且，作为空穴传输材料运用在钙钛矿太阳能电池器件结构中的 TAE-1 未使用掺杂物质，达到了 11% 的能量转换效率 [88]。此外，一种以富电子硅芴为核心、三苯胺基团为支链的新型空穴传输材料 S101，在空气中表现出了较好的氧化还原稳定性和较高的载流子迁移率 [89]。

然而，较为先进的空穴传输材料的构建在调节分子构型的同时实现高形态均匀性和电荷迁移率方面总是遇到困境，尤其是缺乏合适的构建块。2018 年，Zhu 等人以一种半锁中心核分子结构四噻吩乙烯（TTE）作为空穴传输材料的有前途的构建块，通过微调分子平面度，将所得的 TTE-2 掺入四个三苯胺基团，实现了正交构象和平面构象的特异性杂交，从而在钙钛矿太阳能电池（PSC）中获得了理想的电子和形态特性 [90]。由于其高空穴迁移率、深层 HOMO 能级和优异的薄膜质量，无掺杂的 TTE-2 基 PSCs 表现出超过 20% 的长期稳定性，在无掺杂的空穴传输材料基于平面 n-i-p 结构 PSCs 中实现了较佳性能。表 1.2 列出了近年来钙钛矿太阳能电池中典型的有机空穴传输材料。

表1.2　近年来钙钛矿太阳能电池中典型的有机空穴传输材料

空穴传输材料	空穴迁移率 /（$cm^2 \cdot V^{-1} \cdot s^{-1}$）	HOMO 轨道能 /eV	LUMO 轨道能 /eV
Spiro-OMe TAD	3.70×10^{-4}	−5.15	−2.20
PPN	—	−5.26	—

续表

空穴传输材料	空穴迁移率 /（$cm^2 \cdot V^{-1} \cdot s^{-1}$）	HOMO 轨道能 /eV	LUMO 轨道能 /eV
Spiro-CPDT	6.00×10^{-6}	—	—
FDT	—	−5.16	−2.28
KR216	7.00×10^{-4}	−5.09	−2.68
TAE-1	5.92×10^{-5}	−5.32	−2.74
S101	7.20×10^{-5}	−5.32	−2.46
TTE-2	6.18×10^{-4}	−5.30	−2.68

因此，开发出的具有高迁移率和高稳定性的有机空穴传输材料对钙钛矿太阳能电池能量转化效率的提升具有重要的意义。通常，理想的无掺杂剂的有机空穴传输材料应符合以下要求。

（1）合成成本低。合成成本低是空穴传输材料较为基础的条件，降低合成成本是研究者一直以来努力的方向之一。

（2）有较高的空穴迁移率。较高的空穴迁移率是保证空穴传输材料拥有好的空穴传输性能的基本条件，因此在设计并合成一个新的空穴传输材料时，首要检测任务就是其空穴传输性能如何。

（3）有合适的最高占据分子轨道（HOMO）和最低空轨道（LUMO），以保证电池能够有效地进行穴传输和电荷收集。

（4）在富含湿度和氧的环境下具有较好的稳定性。好的稳定性能够延长钙钛矿太阳能电池的使用寿命，从而提高整个太阳能电池器件的能量转换效率。

（5）有较好的溶解性、成膜性等。

1.5.3 电子传输材料（ETMs）

电子传输层是钙钛矿太阳能电池中非常关键的组成部分之一，在提高整体性能的基础科学研究中也引起了广泛的关注。电子传输层的特性显著地决定了整个光伏性能。电子传输层在钙钛矿太阳能电池中的功能性质可以概括为以下几方面。

（1）从钙钛矿吸收体中提取电子并进入电子传输层，并将电子传输到接触电极。

（2）电子传输层的运用有利于改善钙钛矿和电极之间的覆盖 / 接触。

（3）紧凑型电子传输层能够充当阻挡空穴传输的能量屏障。

（4）在介孔电子传输层中，电子传输层能够为电荷传输提供能垒和额外的 n 型阱。

（5）n-i-p 结构中的电子传输层作为钙钛矿的成核位点，影响晶体生长，从而影响光电性能。

（6）p-i-n（“倒置”）器件中的电子传输层能充当电池的防潮层和金属离子扩散的屏障[66, 91-92]。

经过对电子传输材料的不断改进，研究人员主要开发了有机和无机两大类电子传输材料。两者之间存在差异，无机材料通常具有较高的热稳定性和长期稳定性，而有机材料的制造成本较低（材料和能源成本均较低）。

尽管无机电子传输材料运用得较为广泛，但与无机电子传输材料相比，有机电子传输材料仍具有一些优势。例如，易于通过对有机电子传输材料的结构改进订制想要的光电性能。有机电子传输材料更易于加工，并且能够批量生产，体现了材料的再现性和灵活性[93]。目前，许多有机物，包括小分子、固态离子液体和聚合物等已经被用作电子传输材料。同时，有机物还能被用于修饰无机电子传输材料的表面。富勒烯类电子传输材料，如 PCBM 和 C60，由于其降低陷阱态密度和钝化钙钛矿（$MAPbI_3$）层晶界的功能，已被广泛用于钙钛矿太阳能电池中[94]。同时，在器件制备过程中，C60 比 PCBM 堆积得更紧密，这样能促进分子间电荷传输，并且 C60 比 PCBM 表现出更高的电子迁移率和电导率。C60 在常用溶剂中的溶解度非常低，因此分子排列紧密的 C60 还能被用作规则平面钙钛矿太阳能电池的底部电子传输层材料。

2016 年，Yoon 等人报道了基于 $MAPbI_3$ 的无磁滞平面钙钛矿太阳能电池，在室温真空条件下处理的 C60 作为电子传输层运用在钙钛矿太阳能电池中，获得了 19.1% 的能量转换效率[95]。同年，一种具有扩展盘状结构的 π- 共轭平面二亚胺（CDI）核类有机分子电子传输材料由于其在固态中明显增强的 π-π 堆积模型而获得了较高的电荷载流子迁移率[96]。使用 *N*，*N′*- 双 [3-（二甲基氨基）丙基]-5，11- 二辛基 -2，3，8，9- 四碳二酰胺（CDIN）作为电子传输材料，能在钙钛矿太阳能电池中实现 17.1% 的能量转换效率，并且没有电流滞后。由此可知，充分利用有机分子具有可调谐的能量结构，以匹配电极和光吸收层两者的能带位置的优点，能够获得高性能的电子传输材料。此外，与聚合物相比，小分子具有单分散性、可靠的合成再现性和可调节的结构填充特性等优点。尽管有机分子电子传输材料得到了广泛发展，但目前只有少数 n 型有机分子被用作钙钛矿太阳能电池中的电子传输材料[97]。与富勒烯和 n 型聚合物在钙钛矿太阳能电池中作为电子传输材料的性能相比，有机小分子还有很大的发展空间。

2016 年，1，4，9，16- 四 [（三异丙基甲硅烷基）乙炔基] 喹喔啉并 [2″，

3′: 4″, 5″] 环戊二烯并 [1″, 2″, 3″: 5′, 6′] 苊并 [1′, 2′: 5, 6]- 吡嗪并 [2, 3-*b*] 吩嗪（QCAPZ）这种有机小分子用作倒置钙钛矿太阳能电池的电子传输材料，获得了 10.26% 的能量转换效率 [98]。2017 年，另一种小分子电子传输材料 10，14- 双 [5-（2- 乙基己基）噻吩 -2- 基]- 联吡啶 [3，2-2：2″，3″-*c*][1，2，5] 噻二唑 [3，4-] 吩嗪（TDTP）将钙钛矿太阳能电池的能量转换效率提高到 18.2%，这是因为 TDTP 和钙钛矿表面之间有更强的相互作用。这个效率已经高于基于使用 PCBM 作为电子传输材料的钙钛矿太阳能电池（17.5%）[99]。此外，一种六氮杂三亚甲基（HATNA）衍生物也被作为钙钛矿太阳能电池的有效电子传输材料。例如，Zhao 等人提出了一种基于 HATNA 的 ETM 的新设计策略，即用三个烷基硫烷基链取代 $HATNA-F_6$ 核上的三个 F 基团，以提高其在有机溶剂中的溶解度，将硫物种的性质从硫化物（S）改变为亚砜（SO）和砜（SO_2），以确保其 LUMO 能级可以与 $MAPbI_3$ 的导带边缘（CBM）匹配。结果显示，HATNA 类电子传输材料运用在倒置的钙钛矿太阳能电池上，表现出 17.6% 的能量转换效率，并且滞后达到了忽略不计的条件 [97-99]。2017 年，Lin 等人提出使用 π- 共轭路易斯碱作为电子传输材料 [100]。路易斯碱在 $MAPbI_3$ 的表面和晶界上配位 Pb 离子和 Pb 团簇，有效地钝化了路易斯的酸陷阱。同时，这种 n 型 π- 共轭材料还可以促进电子提取和电子传输。得益于这些优势，当使用 1,1- 二氰基亚甲基 -3- 茚酮（IDIC）封端的茚并二噻吩作为电子传输材料时，基于 $MAPbI_3$ 的钙钛矿太阳能电池表现出高达 19.5% 的稳定能量转换效率和高达 1.11 V 的开路电压（V_{oc}）。2020 年，Zheng 等人研究了一种新的电子传输材料 *β*-BNPhen，它实现了高电子迁移率（7.8×10^{-4} $cm^2 \cdot V^{-1} \cdot s^{-1}$）[101]，

在菲咯啉骨架的 β- 位置战略性地引入了两个萘环，实现了更高的热稳定性并增加了芳香族的 π- 电子离域。

表 1.3 列出了一些现有典型的有机电子传输材料及关键参数，包括电子迁移率、HOMO 轨道能及 LUMO 轨道能。

表1.3　现有典型的有机电子传输材料及关键参数

电子传输材料	电子迁移率 / ($cm^2 \cdot V^{-1} \cdot s^{-1}$)	HOMO 轨道能 /eV	LUMO 轨道能 /eV
PCBM	6.10×10^{-2}	−4.10	−6.00
C60	1.60×10^{-2}	−4.50	−6.20
CDIN	—	−3.79	−5.99
HATNASOC$_7$-Cs	5.13×10^{-3}	−4.16	−6.69
QCAPZ	4.70×10^{-4}	−5.74	−3.71
TDTP	2.70×10^{-3}	−4.03	−5.43
IDIC	1.10×10^{-3}	−3.90	−5.70
β-BNPhen	7.80×10^{-4}	−6.30	−3.00

一般情况下，电池的能量转换效率（PCE）与短路电流密度（J_{sc}）、开路电压（V_{oc}）和填充因子（FF）成比例。根据传统半导体模型中已知的光伏效应的基本原理，开路电压是整个器件中电子和空穴准费米能级分裂的结果 [102]，因此它受到钙钛矿薄膜和电荷传输层的能量分布的影响 [103]。短路电流密度是光吸收层的光谱响应和器件中载流子复合的反

映。填充因子与电荷提取和传输直接相关，因此会受到器件中载流子迁移率、薄膜形态以及界面电荷复合率的影响。除效率之外，稳定性也是钙钛矿太阳能电池还不被光伏市场接受的主要原因之一。目前，典型的钙钛矿材料，如 $MAPbI_3$ 和 $FAPbI_3$，由于其强路易斯酸性质、热不稳定和对水分敏感等缺点，一直未能制造出长期稳定的器件。一个理想的电子传输材料应该满足以下要求。

（1）电子性质。相对于钙钛矿活性材料，电子传输材料优先条件应具有相当或略低的分子最低空轨道（LUMO），以促进电子从钙钛矿吸收层向电子传输层移动。由于钙钛矿材料的双极传输特性[66]，还需要电子传输材料比钙钛矿活性材料具有更宽的带隙和更低的最高占据分子轨道（HOMO）来实现激子构象和空穴阻挡功能。为了减少电子传输材料结构无序性，还应该尽量减少电子传输材料中的缺陷。此外，电子传输层与钙钛矿层界面上的任何电荷积累都会导致整个电池性能下降，因此要排除空间电荷限制效应，需要电子传输材料具有比钙钛矿吸收层更高的电子迁移率来提高电导率。

（2）薄膜形态。由于钙钛矿材料的双极性输运特性[66]，无缺陷致密形态的电子传输材料对获得高效率的钙钛矿太阳能电池非常重要。因为致密性高的电子传输材料可以避免薄膜缺陷的电流泄漏和电极界面的电荷重组，从而获得高分流电阻。同时，结构有序、缺陷少的高质量电子传输层薄膜也是获得高开路电压、高填充因子的高性能钙钛矿太阳能电池的必要条件。为了减少由电子选择界面缺陷和陷阱态引起的界面载流子复合，应该考虑电子传输材料与钙钛矿之间的化学相互作用，实现钙钛矿膜的界面钝化[103-104]。由于钙钛矿的结晶过程非常敏感，选择具有合适表面能的电子传输层对提高钙钛矿的结晶动力学和薄膜质量至关重要。

（3）化学稳定性和疏水性。同空穴传输材料一样，良好的化学稳定性也是理想电子传输材料的首选条件，要避免与附近的钙钛矿层和阴极电极发生化学反应。同时，疏水性对钙钛矿太阳能电池的使用寿命至关重要，要保证水分不能通过电子传输层与钙钛矿材料发生反应。

（4）电子传输材料应具有合适的制造条件，能够保证与电子传输层直接相接触的材料和工艺兼容。电池器件制备过程中，电子传输材料应完全覆盖电极或钙钛矿层，以防止界面缺陷。

（5）透光率。用于平面和介孔结构钙钛矿太阳能电池中的电子传输材料应具有较高的光学透射率和适当的折射率，以减少光学损耗[105]。

1.5.4　钙钛矿太阳能电池存在的问题及展望

钙钛矿太阳能电池已成为当下较有发展潜力的电池之一，其目前面临的主要问题如下。

（1）如今的钙钛矿材料含有铅元素，如何通过金属元素替代的方法找到同等或更高转换效率的无铅钙钛矿吸收材料依然是一个挑战。如果能够通过元素替代或掺杂的方法，制备出具有梯度能带和无铅的新型钙钛矿吸光材料，就可以制备类似于半导体多结太阳能电池器件（目前最高效率已经超过 40%[5]），以较低的生产成本大幅提升其转换效率。

（2）钙钛矿材料中极高吸光能力的微观机理还没有定论，还需要深入研究高效能量转换的机理，进一步提高效率。

（3）钙钛矿材料为多晶材料，其晶体结构、形貌、粒径都对界面载流子的注入和传导具有重大影响；在电子或空穴的输运过程中，晶粒、晶界所起的作用依然不清楚；钙钛矿吸光层与电子传输层、空穴传输层之间的界面对整个能量转换的作用到目前也没有太多的研究。

（4）目前较常用的与钙钛矿吸光层相匹配的有机空穴传输材料仍然是Spiro-OMe TAD。未来必须寻找更加有效、稳定性高且廉价的空穴传输材料，以提高钙钛矿太阳能电池的转换效率[106]。同时，电子-空穴对的传输通道与机理仍需要更深入地探讨。

（5）迄今为止，钙钛矿太阳能电池都局限于小面积制备，而面积放大会导致器件的转换效率急剧下降（填充因子急剧变小），如何获得大面积的高转换效率器件仍是一大挑战。

目前，染料敏化太阳能电池与钙钛矿太阳能电池不断发展和更新，其光电转换效率已获得很大进步。未来人们需要通过理论和实验共同研究敏化剂的电子性质、光谱性质和光电转化机理，以及空穴传输材料的空穴传输机理及空穴传输性能，为寻找新的高效敏化剂和空穴传输材料提供基础。

1.6　本章小结与展望

本章介绍了电池材料的类型和发展阶段，即第一代和第二代晶体硅系列太阳能电池和染料敏化太阳能电池、有机太阳能电池、钙钛矿太阳能电池等新型太阳能电池，并详细描述了每一阶段太阳能电池的结构、原理及优缺点。本章着重讲解了第三代太阳能电池染料敏化太阳能电池和钙钛矿太阳能电池的结构及原理。首先，本章描述了染料敏化太阳能电池的结构及原理，即当入射光照能量满足染料敏化剂激发所需能量时，敏化剂被激发产生电子，光生电子注入二氧化钛导电层再被收集到光阳极，通过外电路流向对电极，形成电流；被激发的敏化剂被电解质还原为基态，而被氧化的电解质则吸收到达对电极的电子还原，完成整个光电循环过程，使光能转换为电能。其次，本章介绍了三类常用的染料敏化剂，如金属有机敏化剂、非金属有机敏化剂、天然染料敏化剂，并描述了染料敏化太阳能电池中敏化剂的作用原理及改进思路。同时，针对染料敏化太阳能电池所面临的挑战做出了分析及根据电池原理提出了提高电池性能的方法及手段，如寻找更高消光系数的敏化剂材料、将液态电解液转化为高速传输载流子的全固态材料、深入探究电池机理等，表明应进一步掌握电子传输的过程，以尽量避免电子的损失等。再次，本章阐述了钙钛矿太阳能电池的结构与原理，即钙钛矿吸收剂/本征半导体吸收具有足够能量的光子以产生自由载流子，由光辐射产生的电子和空穴分别被电子传输层和空穴传输层提取和传输，提取的载流子通过欧姆接触收集到简并电极或金属电极上，电流通过外部负载，实现了太阳能到电能的转换。最后，本章介绍了一系列常用的空穴传输材料和电子传输材料，并分析了空穴传输材料和电子传输材料的作用机理与改进思路，同时针对钙钛矿太阳能电池存在的问题提出了改进思路，如通过元素替代或掺杂的方法制备出具有梯度能带和无铅的新型钙钛矿吸光材料。总的来说，经过从染料敏化太阳能电池到钙钛矿太阳能电池长期的发展和更新，光电转换效率得到了提高。这有利于后续通过理论和实验进一步研究敏化剂的电子性质、光谱性质和光电转化机理，以及空穴传输材料的空穴传输机理及空穴传输性能。

第 2 章　新型太阳能电池光电材料理论体系

2.1 概　　述

量子力学是现代物理学的基础理论之一，从根本上改变了人类对物质结构及其相互作用的理解。在基本原理和研究方法的基础上，统筹量子力学和化学而成的量子化学，使人们能够从实验和微观层次同时探究分子体系的各种性质。随着人力和物力的投入，量子化学计算软件不断地被研究和开发，计算机硬件也不断更新换代，理论化学取得了日新月异的发展。计算化学作为理论化学的一个分支，是近十年来发展较快的化学研究领域之一，是根据物理化学理论（通常为量子化学、统计热力学、经典力学）及大量的数值运算方式来研究分子、团簇的性质及化学反应的一门科学。常见的是以量子化学、分子反应动力学、分子力学及分子动力学理论和计算等来解释实验中的各种化学现象，帮助化学家以具体的概念来了解和分析观察到的结果。计算化学还为未知或不易观测的化学系统提供了进一步研究的方向。计算化学经常用来验证、测试、修正及发展较高层次的化学理论，因此开发创新准确有效率的计算方法也是计算化学领域中重要的一部分。近 20 年来，计算机技术的飞速发展和理论方法的进步使理论与计算化学逐渐成为一门新兴的学科。如今，理论化学计算和实验研究的紧密结合很大程度上改变了化学作为纯实验科学的传统印象，有力地推动了化学各个分支学科的发展。

计算化学的基本体系如图 2.1 所示，本章以此为基础，确定了染料敏化太阳能电池相关数据的计算方法。

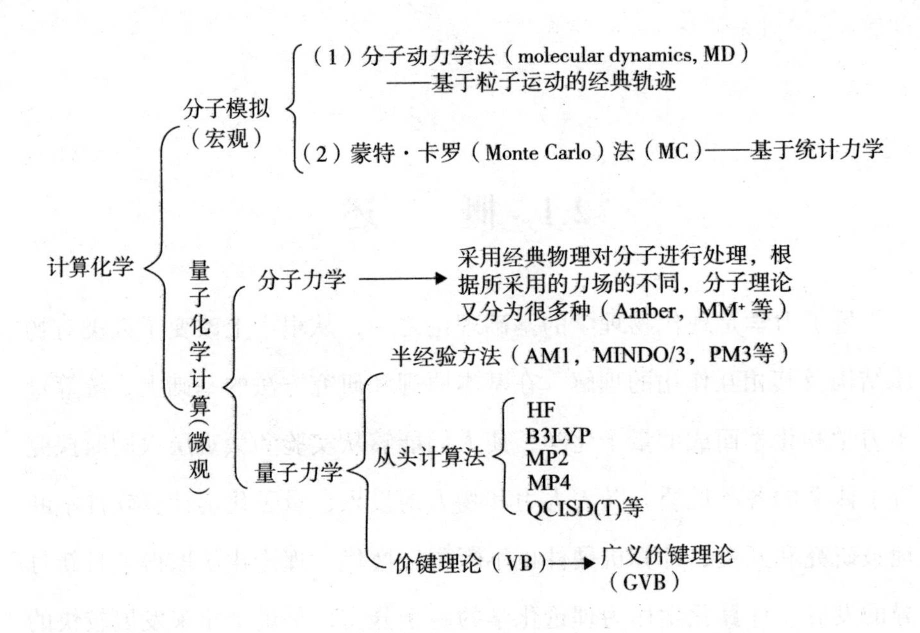

图 2.1　计算化学的基本体系

2.2　密度泛函理论（DFT）

密度泛函理论（density functional theory, DFT）基于霍恩贝格 - 科恩（Hohenberg-Kohn）定理，是用来研究多电子体系中电子结构的一种量子力学方法[107]，又称第一性原理。1964 年，Hohenberg 和 Kohn 简洁地证明了基态电子的能量 E_0，波函数和所有其他分子的电子性质由基态电子概率密度 $\rho_0=(x,y,z)$ 唯一确定。尽管 Hohenberg 和 Kohn 证明了不同的密度可以产生不同的基态能量及其他的基态分子性质，而不需要知道分子的波函数，但并没有告诉人们如何求得一个体系的 ρ_0。科恩（Kohn）和沈吕九（Sham）在 1965 年提出了一个得到 ρ_0 和由 ρ_0 计算 E_0 的实际方法，称为 KS 方法。KS 方法奠定了 DFT 理论用于计算化学的重要基础。Kohn 和 Sham 通过类比哈特里–福克（Hatree-Fock）方程提出了一套方法。由于体系的哈密顿量与电子密度对应且有精确的外势，因此可以假设得到了体系的真实电子密度。体系的总能量表示为

$$
\begin{aligned}
&E = E_{\mathrm{V}} + E_{\mathrm{T}}[\rho(x)] + E_{\mathrm{J}}[\rho(x)] + E_{\mathrm{xc}}[\rho(x)] \\
&E_{\mathrm{V}} = \int V_{\mathrm{ext}} \rho(x) \mathrm{d}x \\
&E_{\mathrm{J}} = \frac{1}{2} \int \frac{\rho(x_1)\rho(x_2)}{x_{12}} \mathrm{d}x_1 \mathrm{d}x_2
\end{aligned}
\tag{2.1}
$$

式中，E_{T}为单电子的动能；E_{J}为关于密度分布的静电作用能；E_{xc}为交换相关能。

然而，在处理密度泛函理论中，考虑电子的交换与相关作用是难点之一，可以通过近似方法对交换相关能进行求解。处理交换–相关项的近似方案主要有三种：最早的为局域密度近似（local density approximation, LDA）[108] 法，它假设体系的电子密度随位置的改变非常缓慢，利用均匀电子气的密度函数到非均匀电子气的交换–相关泛函数的具体形式，通过 Kohn-Sham 方程进行自洽场计算得到体系的交换能。梯度校正法（gradient corrected methods, GCM）对 LDA 法进行改进，将非均匀电子的效应加进去，这就使得交换和相关能不仅仅依赖电子密度，还依赖密度的微分 [109]。杂化法是混合不同梯度校正方案的 E_{x} 和 E_{c} 的计算公式，这种方法在今天被广为接受和应用。最常见的 B3LYP 定义如下：

$$
E_{\mathrm{xx}}^{\mathrm{B3LYP}} = (1 - a_0 - a_{\mathrm{x}}) E_{\mathrm{x}}^{\mathrm{LDA}} + a_0 E_{\mathrm{x}}^{\mathrm{exact}} + a_{\mathrm{x}} E_{\mathrm{x}}^{\mathrm{B88}} + (1 - a_{\mathrm{c}}) E_{\mathrm{c}}^{\mathrm{VWN}} + a_{\mathrm{c}} E_{\mathrm{c}}^{\mathrm{LYP}} \tag{2.2}
$$

式中，$E_{\mathrm{x}}^{\mathrm{exact}}$是 Hatree-Fock 定义的$E_{\mathrm{x}}$；参数一般取 a_0=0.20，a_{x}=0.72，a_{c}=0.81。

目前在染料敏化太阳能电池、钙钛矿太阳能电池中，针对有机小分子的几何结构、电子、光谱性质等光电材料的计算，密度泛函理论是较为常用的研究工具之一[110]。

2.3　含时密度泛函理论（TD-DFT）

含时密度泛函理论（time-dependent density functional theory, TD-DFT）是将基态的 DFT 思想扩展到处理激发态或者更为一般的时间相关现象。TD-DFT 是以一个单体电子密度为基本变量代替多体薛定谔方程的波函数来处理时间相关的量子力学问题。TD-DFT 的理论基础为朗格 - 格罗斯（Runge-Gross）定理。也就是说，如果两个势函数$\upsilon(r,t)$和$\upsilon'(r,t)$的不同多于一个纯时间相关函数$c(t)$，那么它们不能产生相同的时间相关密度$n(r,t)$。Runge-Gross 定理表明所有的可观测量都可以由单体密度计算求得，而如何计算则需要时间相关的 Kohn-Sham 方程，其思路是引入一个服从外部定域势υ_{KS}的非相互作用电子（Kohn-Sham 电子）组成的辅助体系。这样，选择 Kohn-Sham 电子的密度服从时间相关的薛定谔方程[111]：

$$i\frac{\partial}{\partial t}\varphi_i(r,t)=\left(-\frac{\nabla^2}{2}+\upsilon_{\mathrm{KS}}(r,t)\right)\varphi_i(r,t) \qquad (2.3)$$

相互作用体的密度可由时间相关 Kohn-Sham 轨道求得，即

$$n(r,t)=\sum_i^{\mathrm{OCC}}\left|\varphi_i(r,t)\right|^2 \qquad (2.4)$$

在染料敏化太阳能电池的计算中，需要先计算敏化剂的光谱吸收、激发能等参数。而确定钙钛矿太阳能电池中的电子传输材料和空穴传输材料时，需要先计算光谱吸收和电子转移情况。含时密度泛函理论能够

很好地计算激发能，且已经成为计算激发能的标准工具，目前已经纳入所有量子化学计算程序中。

2.4　染料敏化太阳能电池光电转换理论

通常，影响染料敏化太阳能电池能量转换效率的因素主要有短路电流、开路电压、填充因子。能量转换效率（η）的表达式为[112]

$$\eta = \mathrm{ff}\frac{V_{\mathrm{oc}}J_{\mathrm{sc}}}{P_{\mathrm{inc.}}} \tag{2.5}$$

式中，$P_{\mathrm{inc.}}$为到达电池中的太阳光能量；V_{oc}为开路电压；ff为填充因子；J_{sc}为短路电流密度。开路电压和短路电流是染料敏化太阳能电池中较为重要的计算参数，其表达式为[113]

$$J_{\mathrm{sc}} = \int_{\lambda}\mathrm{LHE}\Phi_{\mathrm{inject}}\eta_{\mathrm{collect}}I_{\mathrm{s}}(\lambda)\mathrm{d}\lambda \tag{2.6}$$

式中，Φ_{inject}为电荷注入效率；η_{collect}为电荷收集效率；LHE为电池光捕获效率。LHE主要由敏化剂最大吸收光谱（λ_{max}）的振子强度（f）所决定，其计算表达式为

$$\mathrm{LHE}=1-10^{-f} \tag{2.7}$$

电荷注入效率主要由注入驱动力（$\Delta G_{\mathrm{inject}}$）所决定，$\Delta G_{\mathrm{inject}}$可表示为[114]

$$\Delta G_{\mathrm{inject}}=E_{\mathrm{dye*}}-E_{\mathrm{CB}} \tag{2.8}$$

式中，$E_{\mathrm{dye*}}$为染料分子受激发后的氧化电位；E_{CB}为半导体导带边缘的还原电位，这里的二氧化钛电极导带为 −4.0 eV（真空条件下）。激发后的氧化还原电位可以通过基态染料分子的氧化还原电位（E_{dye}）与垂直跃迁能（$E_{\lambda_{\mathrm{max}}}$）之间的关系所得到，表示为[115]

$$E_{dye*}=E_{dye}-E_{\lambda_{max}} \tag{2.9}$$

染料敏化剂再生效率可以通过再生驱动力（ΔG_{reg}）评估，并定义为以下表达式[38]：

$$\Delta G_{reg}=E_{(I^-/I_3^-)}-E_{dye} \tag{2.10}$$

染料敏化太阳能电池中另一个很重要的参数开路电压（V_{oc}）可以通过下面这个式子进行计算[38]：

$$V_{oc}=\frac{E_{CB}+\Delta E_{CB}}{q}+\frac{k_b T}{q}\ln\left(\frac{n_c}{N_{CB}}\right)-\frac{E_{redox}}{q} \tag{2.11}$$

式中，q 为单位电荷；$k_b T$为热能；n_c为注入电池二氧化钛导带中的电子数量；N_{CB}为半导体导带中的有效态密度；E_{redox}为电解质的费米能级；ΔE_{CB}为半导体的导带底还原电势，可以用下式表示[113]：

$$\Delta E_{CB}=-\frac{q\mu_{normal}\gamma}{\varepsilon_0\varepsilon} \tag{2.12}$$

式中，μ_{normal}为染料分子吸附在二氧化钛半导体表面时的垂直偶极矩，它是影响染料敏化太阳能电池开路电压的重要因素。

一般来说，电荷收集效率难以精确计算，可以从电荷分离效率的角度进行评估。分子激发后电子发生转移的电子密度增加区域以及减少区域分别为$\rho_+(r)\mathrm{d}r$和$\rho_-(r)\mathrm{d}r$，这两个区域的电荷中心表示为[116]

$$R_+=(x_+,y_+,z_+)=\frac{\int_r \rho_+(r)\mathrm{d}r}{\int \rho_+(r)\mathrm{d}r} \tag{2.13}$$

和

$$R_-=(x_-,y_-,z_-)=\frac{\int_r \rho_-(r)\mathrm{d}r}{\int \rho_-(r)\mathrm{d}r} \tag{2.14}$$

为了计算这两个质心，还需要获得由于电子跃迁而产生的电子密度增加 / 减少的量$\rho_+(r)$ / $\rho_-(r)$：

$$\rho_+(r)=\begin{cases}\Delta\rho(r) & \text{if} \quad \Delta\rho(r)>0\\ 0 & \text{if} \quad \Delta\rho(r)<0\end{cases} \tag{2.15}$$

$$\rho_-(r)=\begin{cases}\Delta\rho(r) & \text{if} \quad \Delta\rho(r)<0\\ 0 & \text{if} \quad \Delta\rho(r)>0\end{cases} \tag{2.16}$$

在式（2.15）和式（2.16）中，$\Delta\rho(r)$ 定义为

$$\Delta\rho(r)=\rho^{\text{ES}}(r)-\rho^{\text{GS}}(r) \tag{2.17}$$

式中，$\rho^{\text{ES}}(r)$和$\rho^{\text{GS}}(r)$分别为染料分子激发态和基态的电子密度。

以 R_+ 和 R_- 表示电子密度增加和减少的区域电荷中心，通过两个质心的相减可以求得敏化剂分子激发后电子发生转移的空间距离，其表达式为

$$L=\left|R_+-R_-\right| \tag{2.18}$$

电子跃迁过程中电荷转移的量可以通过下式求解：

$$\Delta e=\int\rho_+(r)\mathrm{d}r=\int\rho_-(r)\mathrm{d}r \tag{2.19}$$

电荷转移距离（L）以及电荷转移量（Δe）都是敏化剂光电转换效率重要的评估参数。电荷转移距离与电荷密度增加和减少区域的重叠程度（Ω）可以评估电荷分离的程度，电荷转移量为电荷注入效率的一个评估参数。更多的电荷转移量和好的分离效果可以充分说明电荷注入效率高。电荷密度减少区域和增加区域之间的重叠程度表示为

$$\Omega\propto(L-H) \tag{2.20}$$

式中，H 为沿着电荷转移方向中心轴线 σ 和的一半，即

$$H = \frac{\sigma_{+x} + \sigma_{-x}}{2} \tag{2.21}$$

通过对比 L、Δe、Ω 这三个参数，可以从定性的角度得到电荷转移性质最好的染料敏化剂分子。电荷分离效果越好，越有利于电子从染料敏化剂分子的受体部分注入半导体中，从而提高电荷注入效率。

2.5 电子和空穴传输材料载流子迁移理论

目前，能够用来描述固体中载流子运动的通常有两种理论模型：一种是强调传导态集体特征的能带模型，这种模型适合于低温条件下的电荷传输；另一种是以马库斯（Marcus）电荷转移理论为代表的跳跃模型，这种模型注重分子传导态的个体特征。通常情况下，采用跳跃模型来描述无序结构有机半导体材料的载流子传输。Marcus 电荷转移理论的核心是 Marcus 方程。钙钛矿太阳能电池中的空穴传输层主要起到空穴传输的作用，电子传输层主要起到电子传输的作用，因此 Marcus 理论用于描述空穴或电子的传输行为，其电荷跃迁速率（k）可以表示为[117]

$$k = \frac{4\pi^2}{h} V^2 \frac{1}{\sqrt{4\pi\lambda k_B T}} \exp\left(-\frac{\lambda}{4k_B T}\right) \tag{2.22}$$

式中，h 为普朗克常数；k_B 为玻尔兹曼常数；T 为温度（单位为 K）；λ 为从绝热势能面计算所得的空穴重组能[118-119]，其表达式为

$$\lambda = (E_0^* - E_0) + (E_+^* - E_+) \tag{2.23}$$

式中，E_+^*和E_0^*分别为最优中性结构上的电荷态和最优电荷态结构上的中

性态分子总能量，其具有中性和阳离子物质的几何形状；E_+和E_0分别为中性态和电荷态最优分子构型的总能量。

以 V 表示晶体结构中相邻分子之间的分子间电子耦合，有两种表达方式。一种公式如下[120-121]：

$$V = \frac{J_{\mathrm{RP}} - S_{\mathrm{RP}}(H_{\mathrm{RR}} + H_{\mathrm{PP}})/2}{1 - S_{\mathrm{RP}}^2} \tag{2.24}$$

式中，H_{RR} 和 H_{PP} 为格点能；S_{RP} 为重叠积分；J_{RP} 为二聚体在非绝热态下的转移积分。

另一种 HOMO 分离法计算电子耦合的公式为

$$V = \left\langle \varphi_i^{\mathrm{HOMO/LUMO}} \middle| F \middle| \varphi_f^{\mathrm{HOMO/LUMO}} \right\rangle \tag{2.25}$$

式中，F 为二聚体的 Fock 算符；$\varphi^{\mathrm{HOMO/LUMO}}$ 为二聚体两个相邻分子的最高占据分子轨道或最低未占据分子轨道。当研究对象为空穴传输材料时，选取空穴传输分子二聚体的 HOMO 轨道作为电子耦合计算，而当研究对象为电子传输材料时，选取电子传输分子二聚体的 LUMO 轨道作为电子耦合计算。

结合计算出的电子耦合和重组能，电子传输材料的电子迁移率和空穴传输材料的空穴迁移率通过使用爱因斯坦关系计算[122-123]：

$$\mu = \frac{1}{2n}\frac{e}{k_{\mathrm{B}}\mathrm{T}}\sum_i r_i^2 k_i P_i \tag{2.26}$$

式中，n 为空间维度，表示在三维空间中选取电子或空穴传输路径；i 为给定的传输路径；r_i 为电子或空穴传输二聚体间的质心距；k_i 为电子跃迁速率；P_i 为电子或空穴跃迁到第 i 条路径的相对跃迁概率，可以用下式得到

$$P_i = \frac{k_i}{\sum_i k_i} \tag{2.27}$$

研究电子或空穴迁移率的各向异性时，需要考虑每条电子或空穴传输路径与主传输通道之间的夹角（θ）和主传输通道与晶轴之间的方位角（Φ）。这时，对于电子或空穴迁移率的计算方法就有所改进。在特定电子 / 空穴传输通道中的空穴迁移率主要取决于电子或空穴传输分子晶体的表面特征。根据相邻分子之间平面（$V_i r_i \cos\gamma_i$）与平面的跳跃角度（γ_i）来分析每个表面的迁移率。在大多数情况下，π- 共轭分子晶体结构中层与层之间的电子或空穴传输效率较低，从而只考虑其二维电子或空穴传输。因此，只考虑一个堆叠层中的跳跃路径时，γ_i为 0。

在选择的电子或空穴传输平面中，Φ 是电子或空穴传输通道相对于参考轴（晶轴）的方位角，θ_i是不同类型二聚体相对于参考轴的投影跃迁路径的角度。因此，跳跃路径与主传输通道之间的角度为$\theta_i - \Phi$。一般情况下，相邻分子可以用横向二聚体（T）、平行二聚体（P）和纵向二聚体（L）表示。结合 Marcus 理论，这时的特定电子或大空穴迁移率可以表示为[124]

$$\mu_\Phi = \frac{e}{2k_B T}\sum_i r_i^2 k_i P_i \cos^2\gamma_i \cos^2(\theta_i - \Phi) \tag{2.28}$$

式中，$\cos^2\gamma_i \cos^2(\theta_i - \Phi)$为各种二聚体类型相对于特定电子或空穴传输路径的相对跃迁概率；r_i、γ_i和θ_i由电子传输分子或空穴传输分子晶体中的分子结构决定。在特定传输方向上的迁移率由所有与之相关的跃迁路径和分子间电子耦合（V）综合影响。

这个分析函数确定了电子或空穴传输材料的角分辨率各向异性电子迁移率或空穴迁移率，通过将晶体填充和电子耦合（V）与角度（Φ）联系起来，可以将迁移率定义为电子或空穴传输通道在一个平面上的取向角的函数。当$\mu'(\Phi)=0$ 时，Φ 处于极值：

$$\Phi_{\text{externa}} = \frac{n\pi}{2} + \frac{1}{2}\arctan\left(\frac{\sum_i P_i V_i^2 r_i^2 \cos^2\gamma_i \sin 2\theta_i}{\sum_i P_i V_i^2 r_i^2 \cos^2\gamma_i \cos 2\theta_i}\right) \tag{2.29}$$

式中，n=0，±1，±2，±3，…。

2.6　本章小结与展望

本章描述了染料敏化太阳能电池和钙钛矿太阳能电池涉及的理论知识，主要包括量子化学中常用的密度泛函理论和含时密度泛函理论，对分子的电子性质、光谱吸收、光捕获效率、氧化势能、注入和再生驱动力、偶极矩、激发能等参数进行了较精确的模拟和计算。同时，本章介绍了染料敏化太阳能电池光转换理论，根据染料敏化太阳能电池能量转换效率表达式进行了各项影响因素（如短路电流、开路电压、填充因子）的计算表达与分析，着重介绍了电子和空穴传输材料的载流子迁移理论，根据马库斯（Marcus）理论中的载流子迁移率和电荷跃迁速率表达式进行了两项重要参数（重组能和电子耦合）的详细计算与分析。总的来说，染料敏化太阳能电池和钙钛矿太阳能电池的理论和计算方法的应用将进一步加强，理论和实验将结合得更加紧密。今后这些理论体系在该领域的研究应该向应用领域开拓，并在不断开拓其应用领域的过程中逐步改善理论体系及方法。

第 3 章　噻吩嵌入敏化剂 $\pi-A'-\pi-$ 桥中光电性质的理论研究

3.1 概　　述

作为染料敏化太阳能电池的重要组成部分之一，光吸收层中的敏化剂的主要任务是对光进行捕获后将激发的电子注入二氧化钛（TiO_2）半导体导带中完成光电转化的过程。为了获得高性能的染料敏化太阳能电池，近年来研究者设计并合成了多种有机敏化剂，如锌卟啉、钌（Ru）化合物和一些非金属敏化剂[29，34，133-136]。目前，锌卟啉和钌化合物敏化剂运用在染料敏化太阳能电池中已达到13%的能量转化效率[29，51，137-140]。然而，这类敏化剂仍存在成本较高、毒性较大等制约因素和障碍。因此，为了提高染料敏化太阳能电池的性能，大多数研究人员都致力于开发新型非金属染料敏化剂以改善其结构和光学性能。

如前所述，染料敏化太阳能电池的性能与几个参数有关：短路电流密度（J_{sc}）、开路电压（V_{oc}）、填充因子（FF）和能量转化效率（η）[34]。同时，敏化剂分子中最高占据轨道（HOMO）和最低空轨道（LUMO）之间的能隙是反映能量转化效率的重要参数。较低的能隙可促进分子内电荷转移，并对紫外可见光区具有较强的吸收。此外，电子注入自由能（ΔG_{inject}）、再生驱动力（ΔG_{reg}）和偶极矩（μ_{normal}）等其他关键参数与染料敏化太阳能电池的性能也密切相关[38]。通常，较高的电子注入驱动力能有效地将激发的电子注入半导体；较大的再生驱动力和偶极矩能有效地将激发后的染料还原，实现染料再生的目的。从实验和理论研究来看，提高光电转换效率的共同策略是改变敏化剂分子的结构。这类已报道的供体-π-共轭桥-受体

（D-π-A）型非金属敏化剂，如三苯胺类[55, 141-143]、二氢吲哚类[144-145]、香豆素类[59-60]、二萘嵌苯类[146-148]、咔唑类染料敏化剂[62, 149-150]在非金属染料敏化剂设计方面取得了很大的进展。通过改进敏化剂来提高光捕获效率（LHE）仍然有很大空间。Zhou等人报道了一系列D-π-A型非金属四并噻吩敏化剂，这些敏化剂将噻吩基团嵌入π-桥而使整个染料敏化太阳能电池达到10.01%的能量转化效率[151]。实验和理论研究发现，在π-桥中嵌入噻吩可以缩小敏化剂分子的能隙（HOMO-LUMO），从而引起光谱吸收发生明显的红移。然而，这些敏化剂并没有增大光谱吸收强度，因此电池的开路电压较低。最近，一类在π-桥中增加一个内部辅助受体（A′）的新型D-π-A′-π-A型染料敏化剂表现出高强度的光谱吸收。Ni等人将二噻吩并[3，2-*b*]吡咯并苯三唑（BZTP）基团作为π-共轭桥，合成了这种新型D-π-A′-π-A敏化剂BZTP-1，使染料敏化太阳能电池的能量转化效率达到8.14%[152]。BZTP基团这种结构平面性较好的π-共轭桥使敏化剂具有良好的光谱性质，从而有利于π电子从供体到受体的转移。

基于这类新型敏化剂BZTP-1，结合四并噻吩基团对光谱吸收红移等优势，研究者通过增加噻吩的数量和改变π-A′-π-桥上噻吩的位置设计出了六种新型D-π-A′-π-A敏化剂结构。从BZTP-1结构开始，研究者在BZTP与三苯胺供体之间分别嵌入一个和两个噻吩基团来生成T-BZTP和T-T-BZTP敏化剂分子；在BZTP与氰基丙烯酸受体之间也分别嵌入一个和两个噻吩来形成BZTP-T和BZTP-T-T敏化剂分子；在BZTP的两侧嵌入一个和两个噻吩基团来形成T-BZTP-T和T-T-BZTP-T-T。最后采用密度泛函理论（DFT）和含时密度泛函理论（TD-DFT）方法计算这些染料敏化剂的能隙、电子性质和光谱吸收。计算结果表明，嵌入噻吩增加π-共轭体系后，这些新敏化剂分子产生更窄的

HOMO-LUMO 能隙，并且与染料 BZTP-1 相比表现出明显的光谱红移，这有助于提高这些染料敏化剂的捕光效率。

3.2 详细计算

所有单个敏化剂分子的电子结构计算都采用 DFT 和 TD-DFT 方法在 Gaussian 09 程序下完成[153]。通过 B3LYP 和 PBE0 等不同泛函与 PBE0/6-31G* 和 PBE0/6-311G** 等不同基组的组合对实验分子 BZTP-1 的基态（S_0）几何结构进行优化，以找到合适的 HOMO 能级。计算数据见表 3.1 所列。在 PBE0/6-31G* 方法计算中得到的 BZTP-1 敏化剂 HOMO 能量为 -5.12 eV，与实验值更接近（-5.08 eV）[152]。因此，PBE0/6-31G* 这个方法对计算其他几个分子结构的 HOMO 轨道能量也是相对可靠的。本书采用这个方法对所有设计的敏化剂基态分子结构进行优化，并且通过频率分析发现所有分子结构优化的过程中没有出现虚频，能够保证优化的几何结构处于能量最小值（最稳定结构）。同时，PBE0/6-31G* 这个方法计算的实验分子 BZTP-1 的 LUMO 轨道能量为 -2.62 eV，与实验值（-2.86 eV）的误差也在可接受范围。

表3.1　对实验分子BZTP-1采用不同泛函和基组计算的HOMO和LUMO能量以及相应的实验数据

敏化剂分子（BZTP-1）	实验值	B3LY-P/6-31G*	PBE0/6-31G*	PBE0/6-311G**
HOMO/eV	-5.08	-4.86	-5.12	-5.28
LUMO/eV	-2.86	-2.6	-2.62	-2.69

注：实验值见参考文献[152]。

在 TD-DFT 计算中，使用适合模拟光谱性质的方法 CAM-B3LYP/6-31G*[154] 在已优化基态结构的基础之上模拟所有敏化剂分子 30 个最低单线态激发的紫外－可见（UV-Vis）光谱吸收。同时在 PBE0/6-31G* 方法（钛原子采用标准的 LANL2DZ 基组）上优化敏化剂吸附在（TiO_2）$_6$ 团簇上形成敏化剂－（TiO_2）$_6$ 复合物的电子性质[155]，分别计算敏化剂分子垂直于二氧化钛半导体表面的偶极矩，模拟敏化剂－（TiO_2）$_6$ 复合物的光谱吸收。本书还研究了敏化剂-（TiO_2）$_6$ 复合物的态密度（DOS）和局域态密度（PDOS）分布。此外，为了比较电荷分离效率，本书采用 Multwfn 2.5 软件计算并分析了每个敏化剂分子的电子差分密度分布[156]，用 DctViaCube 程序计算敏化剂的电荷转移量和电荷转移距离。为了使计算溶剂环境与实验环境一致，所有计算都是以实验溶剂四氢呋喃（THF）溶剂为基础进行的，同时使用类导体连续极化模型（C-PCM）进行模拟溶剂环境[157]。

3.3 结果与讨论

3.3.1 基态结构和电子性质

图 3.1 为 BZTP-1 与所有设计敏化剂分子的结构与二面角示意图，图 3.2 为采用 PBE0/6-31G* 方法计算所得所有敏化剂分子优化结构的正面视图与侧面视图。通常情况下，染料敏化剂的吸收光谱与分子结构中的共轭程度有关。因此，本书计算了所有分子结构的几何参数及二面角，相关的参数见表 3.2 所列。很明显，嵌入噻吩基团增加了整个敏化剂分子的共轭程度，这样有利于分子光谱红移。从表 3.2 计算出的二面

角参数来看，敏化剂 T–T–BZTP–T–T 的二面角 θ_2（11.66°）、θ_3（11.22°）和 θ_5（4.24°）是所有敏化剂分子中最小的，表明分子 T–T–BZTP–T–T 具有较好的平面性，由此推测其具有最明显的光谱红移。

表3.2　敏化剂分子邻近基团之间的二面角

敏化剂分子	θ_1	θ_2	θ_3	θ_4	θ_5	θ_6
BZTP-1	23.27°	—	—	—	—	0.45°
T–BZTP	20.85°	—	−15.96°	—	—	0.52°
T–T–BZTP	−21.93°	22.15°	−19.86°	—	—	0.85°
T–BZTP–T	21.07°	—	−16.13°	−6.12°	—	0.22°
BZTP–T	23.26°	—	—	9.13°	—	−0.41°
BZTP–T–T	−17.88°	—	—	17.69°	−10.07°	0.34°
T–T–BZTP–T–T	−21.50°	11.66°	11.22°	18.80°	4.24°	0.54°

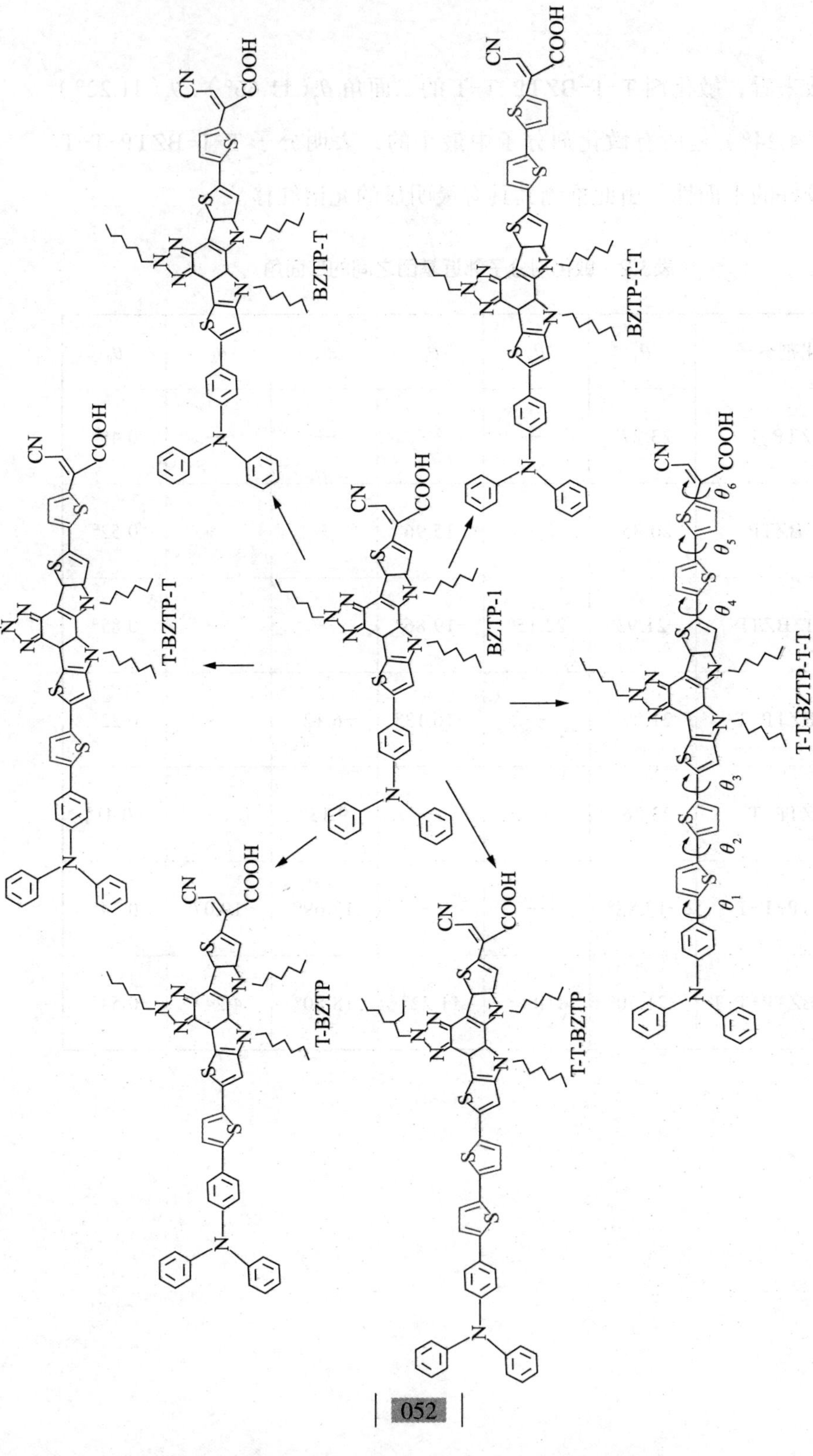

图 3.1 BZTP–1 与所有设计敏化剂分子的结构与二面角示意图

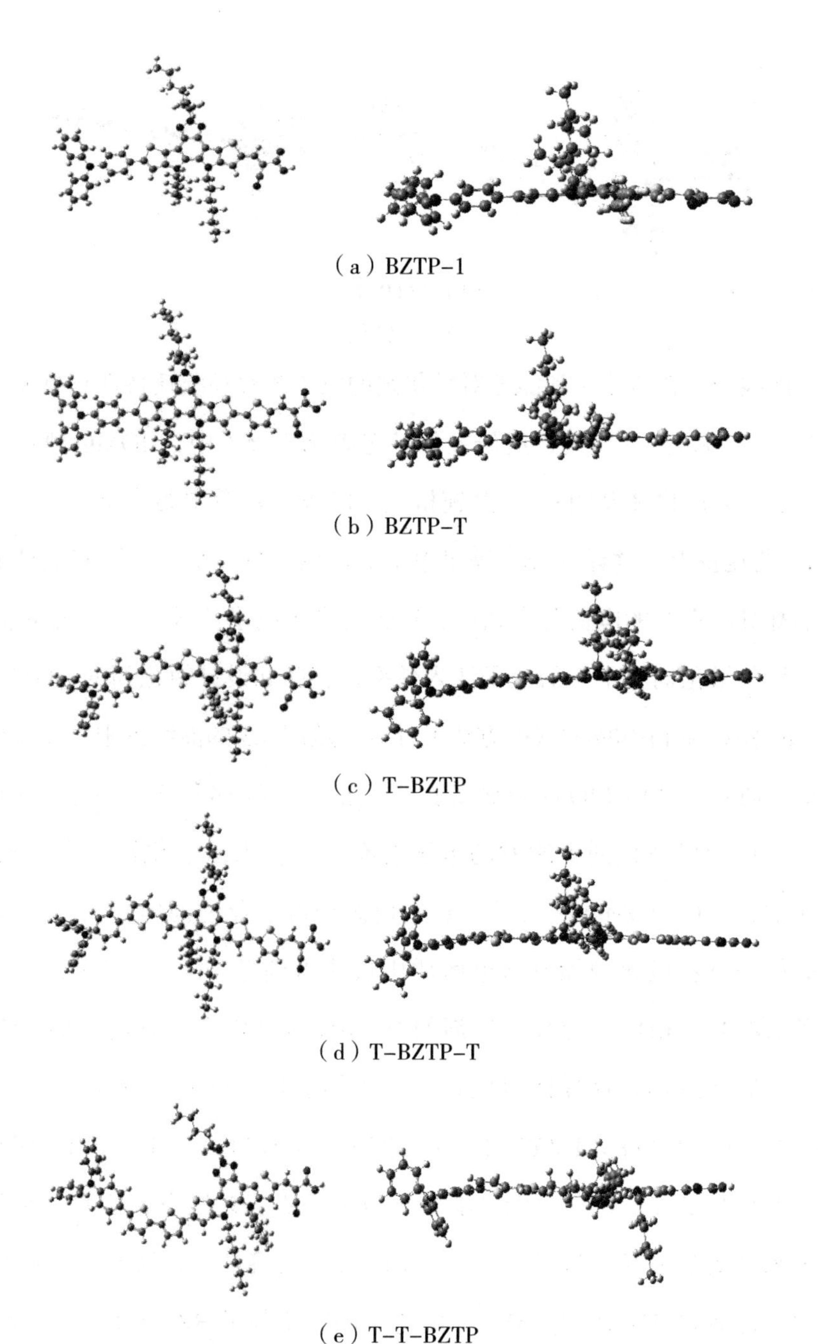

图 3.2　采用 PBE0/6-31G* 方法计算所得所有敏化剂分子优化结构的正面视图与侧面视图

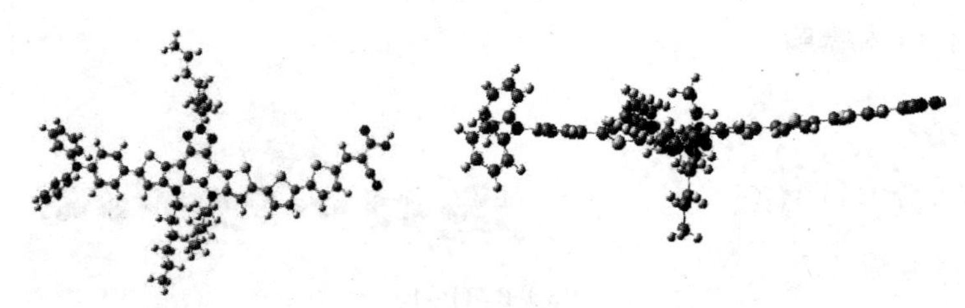

（f）BZTP–T–T

图 3.2（续）

前线分子轨道分布和能隙对敏化剂的电子激发和跃迁特性具有显著影响[158-159]。见表 3.3 所列，所研究的基态敏化剂分子中，HOMO 轨道主要分布在三苯胺供体基团和 π– 共轭桥上，LUMO 轨道主要分布在电子受体和 π– 共轭桥上，这样的分布满足电荷分离的条件。显然，所有设计的敏化剂都具有良好的电荷分离状态，这也有利于电子注入二氧化钛导带中。为了评估敏化剂分子中的电子注入效率，实验和设计敏化剂的 HOMO 和 LUMO 能级在 PBE0/6-31G* 方法上计算。从图 3.3 的能级图中可以发现所有敏化剂分子的 LUMO 能级都高于二氧化钛导带（–4.0 eV）边缘（CBE），这就可以确保敏化剂中激发的电子能有效地注入二氧化钛导带。此外，敏化剂分子的 HOMO 能级低于 I^-/I_3^- 电解质的氧化还原电位（–4.7 eV），从而保证染料敏化剂能够从电解质中快速得到电子[160]。同时，与实验分子 BZTP–1 相比，所有敏化剂的 HOMO 能级均有所升高，而 LUMO 能级均有所降低，这样使得敏化剂分子的能隙降低并且遵循以下顺序：BZTP–1 > T–BZTP > BZTP–T > T–BZTP–T > BZTP–T–T > T–T–BZTP > T–T–BZTP–T–T。这种更低的能隙导致电子更容易激发，从而有利于敏化剂吸收更长波长范围的光[161]。在四氢呋喃溶剂中，所有嵌入噻吩基团的敏化剂的 HOMO–LUMO 能隙均小于实验分子 BZTP–1。结果表明，嵌入噻吩基团扩展 π– 共轭桥不仅可以调节染料的能级，使能隙降低，而且所有嵌入噻吩基团的敏化剂都具有比 BZTP-1 更窄的能隙，尤其是 T-T-BZTP-T-T。因此，更窄的能隙使这些敏化剂表现出红移的吸收光谱，增强了染料敏化太阳能电池的光伏性能。这有利于促进电池获得更高的短路电流（J_{sc}）和最大的能量转化效率（η）。

表3.3　敏化剂分子的前线分子轨道分布（HOMO和LUMO）和电荷差分密度

敏化剂分子	HOMO 轨道分布	LUMO 轨道分布	电荷差分密度图
BZTP-1	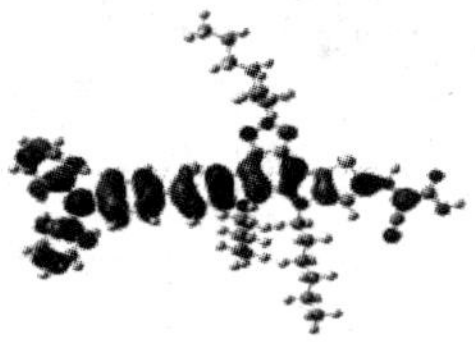	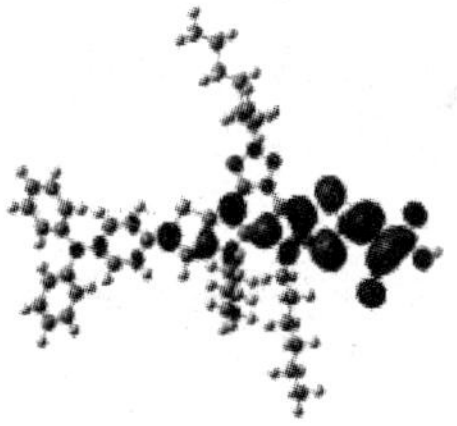	
BZTP-T			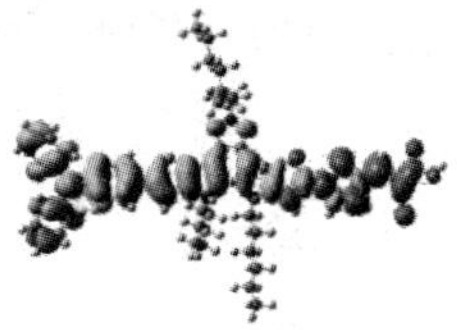
T-BZTP	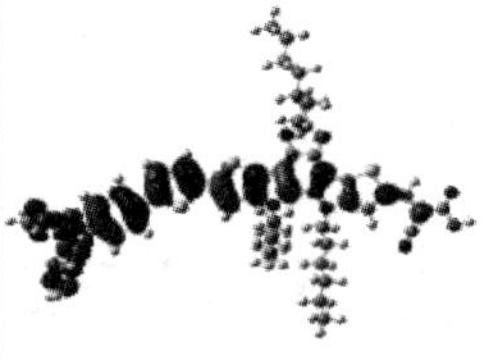	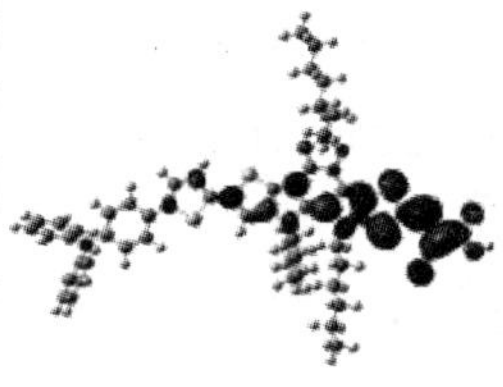	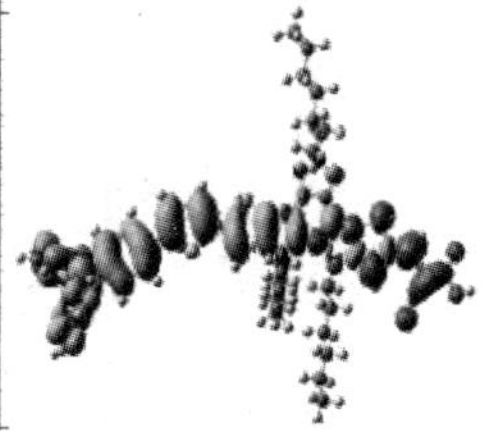
T-BZTP-T			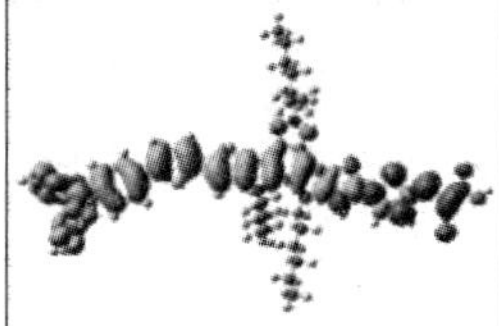

续表

敏化剂分子	HOMO 轨道分布	LUMO 轨道分布	电荷差分密度图
BZTP-T-T			
T-T-BZTP			
T-T-BZTP-T-T			

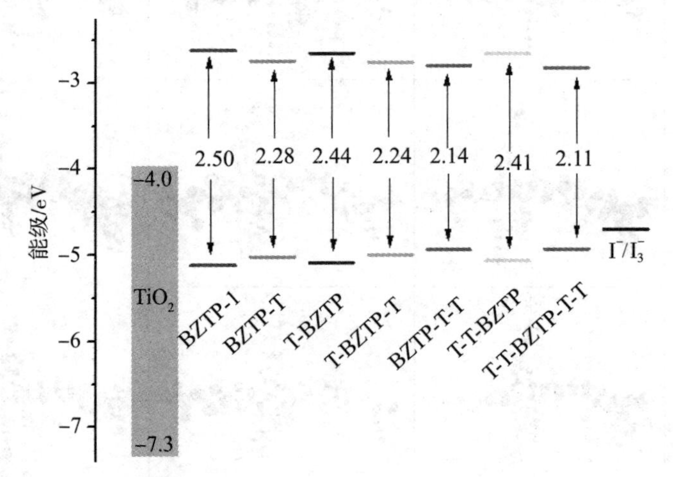

图 3.3　在四氢呋喃溶剂中所有敏化剂分子、TiO_2、I^-/I_3^-的能级分布

3.3.2　光谱吸收和电荷转移性质

单个敏化剂分子和敏化剂 /（TiO_2）$_6$ 复合物在四氢呋喃溶剂中模拟紫外－可见吸收光谱分别如图 3.4 和图 3.5 所示，相关的光物理参数见表 3.4 所列。显然，在所有敏化剂的模拟光谱吸收中观察到两组吸收带：B 带（300 ～ 450 nm）和 Q 带（450 ～ 600 nm）。B 带吸收主要来自 $\pi \rightarrow \pi^*$ 电子跃迁，Q 带吸收主要来自供体到受体的分子内电荷转移（intramolecular charge transfer，ICT）。从图 3.4 可以看出，实验分子 BZTP-1 的最大吸收波长（λ_{max}）约为 479 nm（与实验值 480 nm 几乎一致）[152]。当将一个或两个噻吩基团嵌入敏化剂的 π-A′-π- 桥时，可以观察到明显的光谱吸收红移，尤其是噻吩基团直接与染料分子的锚固基团相连时光谱吸收达到最大红移。例如，BZTP-T（511 nm）和 BZTP-T-T（514 nm）的染料比 T-BZTP（488 nm）和 T-T-BZTP（490 nm）表现出更显著的红移。由表 3.5 可知，在一侧嵌入两个噻吩基团的敏化剂比嵌入一个噻吩基团的敏化剂获得了更高的振子强度，如 BZTP-T-T（f=2.51）的振子强度高于 BZTP-T（f=2.37）。T-BZTP-T 和 T-T-BZTP-T-T 将噻吩引入 BZTP 基团两侧时既表现出明显的光谱吸收红移，又表现出更高的振子强度，尤其是 T-T-BZTP-T-T 在所有敏化剂中显示出最高振子强度（f=3.36）和最大吸收红移（λ_{max}=516 nm）。这种高强度的吸收及显著的红移是由于这些敏化剂分子有更好的分子平面性以及最窄的能隙，这就意味着提高了染料敏化剂的光捕获效率（LHE）。本书不仅研究了单个敏化剂分子的吸收光谱性质，还研究了敏化剂分子吸附在纳米二氧化钛表面的光谱性质。全优化的敏化剂 /（TiO_2）$_6$ 复合物光谱吸收模拟如图 3.5 所示。敏化剂 /（TiO_2）$_6$ 复合物的最大吸收波长与相对应的单个敏化剂吸收波长发生了 40 ～ 50 nm 的红移。同样地，由于染料敏化剂分子共轭长度的延长，T-T-BZTP-T-T/（TiO_2）$_6$ 复合物表现出最好的光谱吸收性能。由此推断，将两个噻吩基团同时嵌入 BZTP 分子基团两侧，可以使整个染料敏化太阳能电池获得更好的光伏性能。

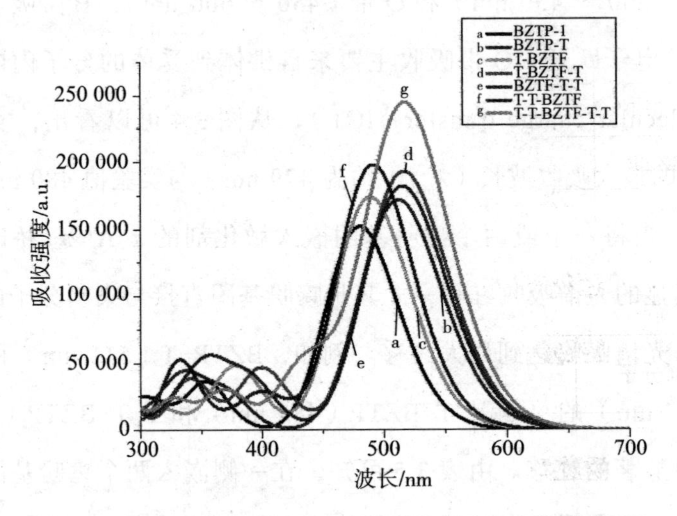

图 3.4　在四氢呋喃溶剂中模拟单个敏化剂分子的光谱吸收图

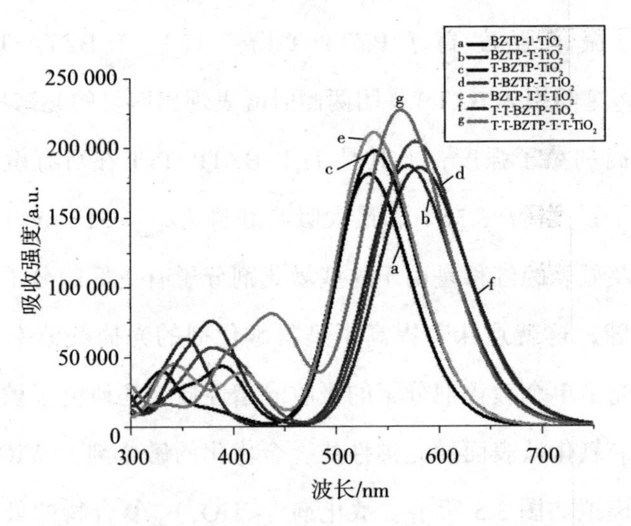

图 3.5　在四氢呋喃溶剂中模拟敏化剂分子吸附在二氧化钛表面的光谱吸收图

表3.4　敏化剂分子的电荷转移距离、电荷转移量、电荷密度增加与减少的重叠程度

敏化剂分子	电荷转移距离 /Å	电荷转移量 /eV	电荷密度增加与减少的重叠程度
BZTP-1	11.90	1.212	0.100
BZTP-T	13.78	1.092	0.102
T-BZTP	13.72	0.873	0.043
T-BZTP-T	15.47	1.080	0.064
BZTP-T-T	15.85	1.101	0.075
T-T-BZTP	15.77	1.022	0.052
T-T-BZTP-T-T	19.03	1.010	0.080

表3.5　敏化剂分子的激发能、最大吸收波长、振子强度及电荷转移组成

敏化剂分子	激发能 /eV	最大吸收波长 /nm	振子强度	电荷转移组成及百分率
实验值	—	480	—	—
BZTP-1	2.58	479	2.09	HOMO-1 → LUMO（21%） HOMO → LUMO（70%） HOMO → LUMO+1（3%）
BZTP-T	2.43	511	2.37	HOMO-1 → LUMO（18%） HOMO → LUNO（67%） HOMO-3 → LUMO（6%） HOMO → LUMO+1（4%）
T-BZTP	2.54	488	2.40	HOMO-1 → LUMO（2%） HOMO → LUMO（63%） HOMO-3 → LUMO（3%） HOMO-3 → LUMO+1（2%） HOMO → LUMO+1（5%）
T-BZTP-T	2.40	515	2.66	HOMO-1 → LUMO（18%） HOMO → LUMO（63%） HOMO-3 → LUMO（6%） HOMO → LUMO+1（6%）

续表

敏化剂分子	激发能/eV	最大吸收波长/nm	振子强度	电荷转移组成及百分率
BZTP-T-T	2.41	514	2.51	HOMO-3 → LUMO（10%） HOMO-1 → LUMO（20%） HOMO → LUMO（56%） HOMO → LUMO+1（9%）
T-T-BZTP	2.53	490	2.73	HOMO-1 → LUMO（25%） HOMO → LUMO（56%） HOMO → LUMO+1（7%）
T-T-BZTP-T-T	2.40	516	3.36	HOMO-2 → LUMO（13%） HOMO-1 → LUMO（14%） HOMO → LUMO（47%） HOMO → LUMO+1（13%） HOMO-4 → LUMO（4%）

此外，本书还计算了所有敏化剂分子的电荷转移距离（L）、电荷转移量（Δe）以及电荷密度增加与减少的重叠程度（Ω，等值）以研究噻吩基团在分子 π-A′-π- 桥中的位置和数量对电荷的转移性质的影响[116]。通常，更长的电荷转移距离、更高的电荷转移量以及更少的电荷密度重叠能够产生更好的电荷分离效率。见表 3.4 所列，所有设计的染料分子的电荷转移距离比实验敏化剂分子 BZTP-1 更长。BZTP-T（13.78 Å）和 BZTP-T-T（15.85 Å）的电荷转移距离比 T-BZTP（13.72 Å）和 T-T-BZTP（15.77 Å）更长，这就证明噻吩基团连接在受体侧比噻吩基团连接在供体侧的电荷分离效率更高。敏化剂分子 T-T-BZTP-T-T（19.03 Å）比 T-BZTP-T（15.47 Å）具有更长的电荷转移距离，这意味着 π-A′-π- 桥中噻吩基团的增加也有助于提高电荷分离效率。同时，随着噻吩基团从分子供体部位到受体部位的变化以及噻吩基团数目的增加，电荷密度增加与减少的

重叠程度按照以下顺序排列：BZTP-T（0.102）> BZTP-1（0.100）> T-T-BZTP-T-T（0.080）> BZTP-T-T（0.075）> T-BZTP-T（0.064）> T-T-BZTP（0.052）> T-BZTP（0.043）。这意味着嵌入噻吩基团能够有效地减少密度增加与减少的重叠程度，从而提高染料分子的电荷分离效率。总体来说，尽管嵌入噻吩基团的染料分子相比实验分子 BZTP-1 具有略小的电荷转移量，但它们更长的电荷转移距离证明在 π-A′-π- 桥中嵌入噻吩基团更有利于提高染料敏化太阳能电池的能量转化效率。

3.3.3　电子注入效率与敏化剂再生效率

为了进一步研究将噻吩基团嵌入 π-A′-π- 桥后敏化剂分子的电子注入效率，本书计算了所有敏化剂分子的注入驱动力（ΔG_{inject}）。其中，分子基态氧化势能（E_{dye}）与 E_{HOMO} 的负值接近，因此以 $-E_{HOMO}$ 值代替分子基态氧化势能；激发态氧化势能（E_{dye*}）可以根据公式（2.9）得到。计算所有敏化剂分子的 E_{dye*} 值比二氧化钛的导带更低，在这样的条件下能够促进电子从敏化剂分子注入二氧化钛导带。同时，从表 3.6 可以看出，所有敏化剂分子的 ΔG_{inject} 都小于 -1.0 eV，其中敏化剂 BZTP-T-T 和 T-T-BZTP-T-T 的电子注入驱动力（ΔG_{inject}=-1.47 eV）是所有敏化剂中最小的，这样能够促进电子从染料更快速地注入二氧化钛导带。此外，电荷注入效率（Φ_{inject}）与光捕获效率（LHE）是短路电流（J_{sc}）最关键的参数，而 Φ_{inject} 主要由 ΔG_{inject} 评估。与其他敏化剂分子相比，T-T-BZTP-T-T 具有更好的光学性能和足够的注入驱动力。因此，本书推断两个噻吩基团同时嵌入 BZTP 基团两侧时可以使染料敏化太阳能电池获得更大的短路电流。

表3.6　敏化剂分子的光捕获效率、基态氧化势能、激发态氧化势能、注入驱动力、再生驱动力和垂直偶极矩的计算值

敏化剂分子	光捕获效率	基态氧化势能 /eV	激发态氧化势能 /eV	注入驱动力 / eV	再生驱动力 / eV	垂直偶极矩 / D
BZTP-1	0.992	5.12	2.54	−1.46	0.42	16.58
BZTP-T	0.996	5.02	2.59	−1.41	0.32	19.53
T-BZTP	0.996	5.09	2.55	−1.45	0.39	16.11
T-BZTP-T	0.998	5.00	2.60	−1.40	0.30	19.78
BZTP-T-T	0.997	4.94	2.53	−1.47	0.24	20.08
T-T-BZTP	0.998	5.07	2.54	−1.46	0.37	17.36
T-T-BZTP-T-T	0.999	4.93	2.53	−1.47	0.23	15.70

本书运用再生驱动力（ΔG_{reg}）这个参数来评估嵌入噻吩的位置和数量与染料敏化剂分子再生效率之间的关系。由表 3.6 可知，嵌入噻吩基团敏化剂的再生驱动力均低于实验敏化剂 BZTP-1（ΔG_{reg}=0.42 eV），尤其是分子 T-T-BZTP-T-T 的再生驱动力仅为 0.23 eV。这说明嵌入噻吩基团能够促进敏化剂分子的再生。同时，敏化剂再生可以通过体系的自旋密度分布进行进一步研究。下面针对这个研究体系使用（U）DFT/B3LYP 方法计算体系被氧化的敏化剂自旋密度分布[162]。见表 3.7 所列，所有被氧化的敏化剂分子自旋密度主要位于供体和 π- 共轭部分上，并且嵌入噻吩的敏化剂分子比实验分子 BZTP-1 具有更高的贡献。这意味着嵌入噻吩基团可以增强

敏化剂分子与 I^-/I_3^- 氧化还原电对间的相互作用，从而提高敏化剂的再生效率。

表3.7 敏化剂分子的自旋密度分布情况

敏化剂分子	自旋密度分布及百分值	敏化剂分子	自旋密度分布及百分值
BZTP-1	94.5%	BZTP-T-T	97.7%
BZTP-T	96.4%	T-T-BZTP	96.9%
T-BZTP	95.9%	T-T-BZTP-T-T	98.5%

续表

敏化剂分子	自旋密度分布及百分值	敏化剂分子	自旋密度分布及百分值
T-BZTP-T	97.1%	—	—

3.3.4 敏化剂 / (TiO_2) $_6$ 复合物和垂直偶极矩

模拟敏化剂分子与二氧化钛的复合物的性质在整个染料敏化太阳能电池中尤为重要。本书选择锐钛矿（101）面模拟二氧化钛半导体的表面，并将染料敏化剂分子吸附在此表面上。先以两种不同大小的锐钛矿团簇（TiO_2）$_6$ 和（TiO_2）$_{16}$ 半导体模型与敏化剂分子桥连接形成敏化剂 / （TiO_2）$_6$ 和敏化剂 / （TiO_2）$_{16}$ 复合物，然后研究它们的性质（图 3.6）。在单个分子优化方法的基础上继续优化两个桥连好的复合物，得到最稳定的敏化剂与二氧化钛半导体复合物。结果表明，BZTP-1/（TiO_2）$_{16}$ 的 HOMO 能量（ε_{HOMO}=−5.23 eV）与 BZTP-1/（TiO_2）$_6$（ε_{HOMO}=−5.20 eV）的 HOMO 能量相近，同时两个复合物的钛原子与氧原子之间的键长几乎相等（图 3.7），BZTP-1/（TiO_2）$_6$ 的氧钛键为 2.010 Å 和 2.063 Å，BZTP-1/（TiO_2）$_{16}$ 的氧钛键为 1.944 Å 和 2.000 Å。因此，（TiO_2）$_6$ 团簇作为模型代替更大的（TiO_2）$_{16}$ 模拟二氧化钛半导体同样具有很高的可靠性，并且这个模型已被研究证实和使用 [155, 163-164]。为了最大程度地节约计算资源、降低计算成本，本书采用（TiO_2）$_6$ 团簇进行研究。

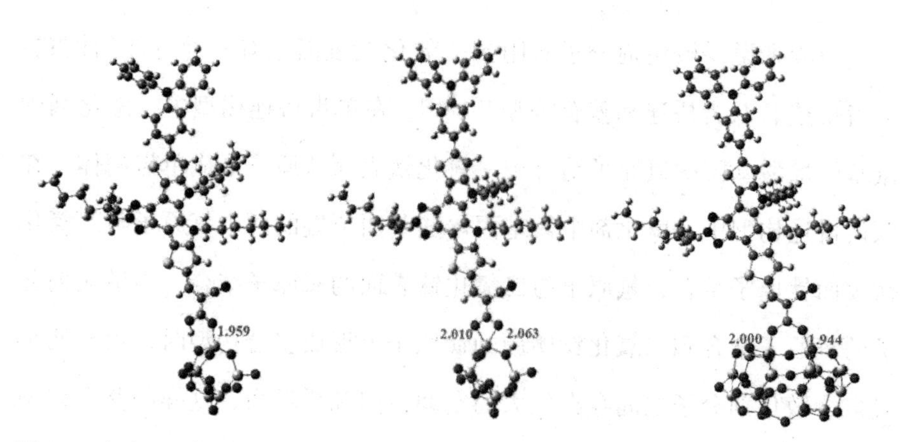

图 3.6　与 $(TiO_2)_6$ 以单齿和双齿连接形成 BZTP-1/$(TiO_2)_6$ 以及 BZTP-1/$(TiO_2)_{16}$ 复合物结构

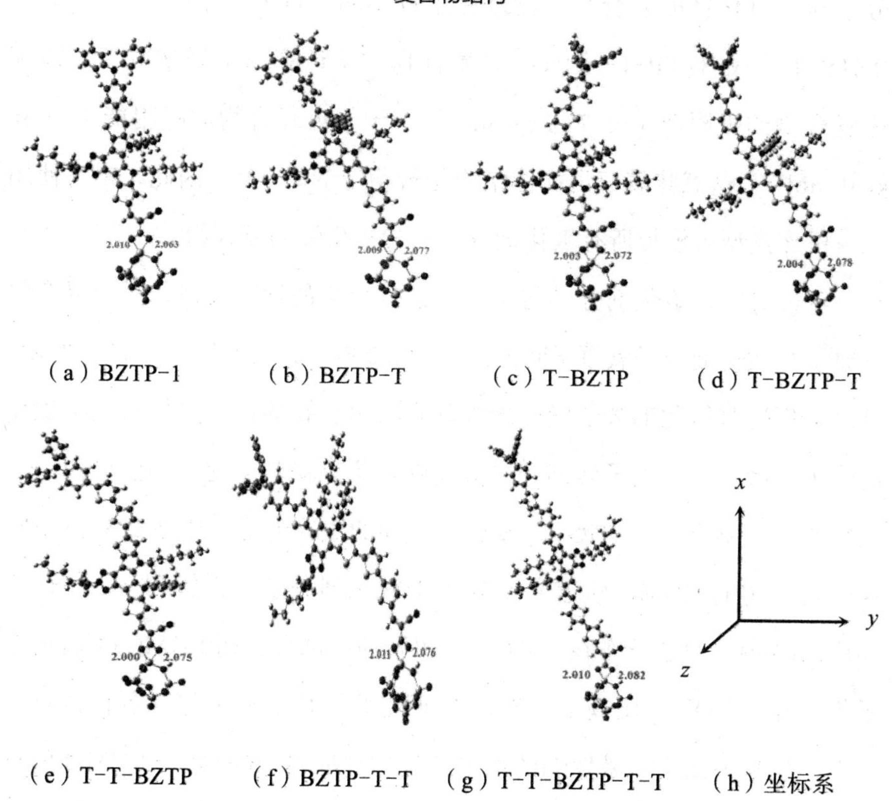

（a）BZTP-1　（b）BZTP-T　（c）T-BZTP　（d）T-BZTP-T

（e）T-T-BZTP　（f）BZTP-T-T　（g）T-T-BZTP-T-T　（h）坐标系

图 3.7　敏化剂分子在 $(TiO_2)_6$ 团簇表面的垂直偶极矩的计算及 Ti 原子与染料 O 原子间的键长

一般来说，敏化剂分子吸附到二氧化钛表面上有三种可能的模式：单齿桥连、双齿桥连和螯合构型[165-166]。在单齿桥连构型中，敏化剂中氰基丙烯酸基团的氧原子结合到二氧化钛表面钛原子形成单齿配体。在双齿桥连构型中，敏化剂中氰基丙烯酸基团顶端的两个氧原子与二氧化钛表面钛原子结合，氢原子与二氧化钛表面的氧原子结合。当敏化剂分子的氧原子结合到二氧化钛团簇的钛原子上形成螯合构型时，由于两个或多个敏化剂分子之间存在较大的空间位阻和排斥力，这样的螯合构型相对复杂且不稳定。因此，只需考虑单齿和双齿桥连模型来模拟敏化剂分子与二氧化钛的复合物，通过使用较小的（TiO_2）$_6$团簇与实验分子BZTP-1形成BZTP-1-（TiO_2）$_6$复合物。从计算的结果来看，双齿配体复合物的吸附能（-5.71 kcal/mol）小于单齿复合物的吸附能（-5.36 kcal/mol），这意味着双齿配体结构是最稳定的[167-168]。因此，本书使用双齿桥连模型来模拟所有敏化剂分子与二氧化钛的复合物。

经过对所有敏化剂分子与二氧化钛复合物的计算发现，每个复合物钛原子与敏化剂分子氧原子间的键长为2.000～2.100 Å，如图3.7所示。可以发现这些敏化剂分子紧密地吸附在二氧化钛表面，这样有利于敏化剂分子中激发出的电子转移到二氧化钛而提高染料敏化太阳能电池的光伏性能[38]。敏化剂 /（TiO_2）$_6$复合物之间的主要电子跃迁见表3.8所列，这些复合物的HOMO轨道主要分布于敏化剂分子的供体和π-A′-π-桥部位，LUMO轨道分布在（TiO_2）$_6$团簇的一部分，而LUMO+1轨道主要集中在（TiO_2）$_6$团簇上。在所有研究的敏化剂分子与二氧化钛复合物中，从基态到第一激发态的电子跃迁主要来自HOMO→LUMO的贡献。这也表明染料敏化剂到二氧化钛半导体之间存在直接的电子转移。

表3.8　敏化剂/（TiO_2）$_6$复合物的HOMO、LUMO、LUMO+1轨道分布

前线分子轨道	BZTP-1	BZTP-T	T-BZTP	T-BZTP-T
HOMO	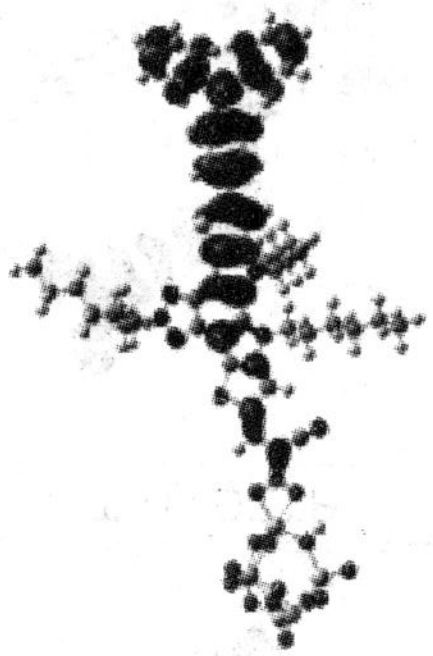	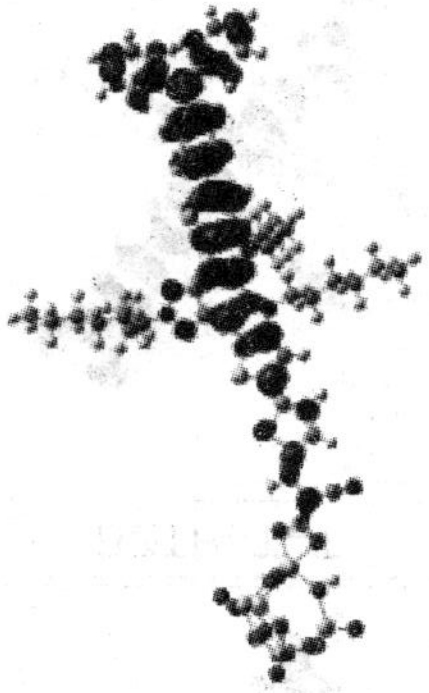	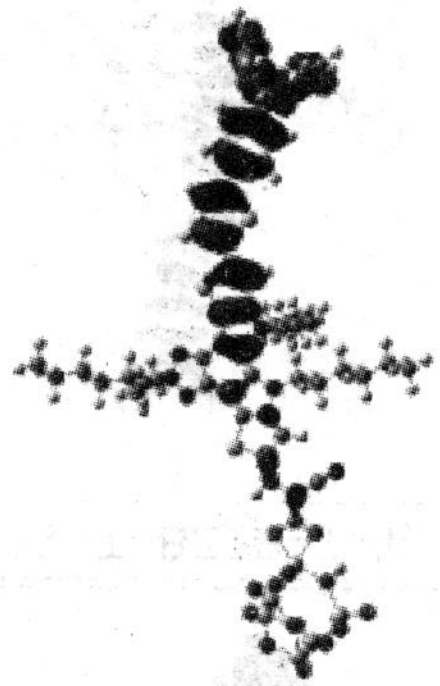	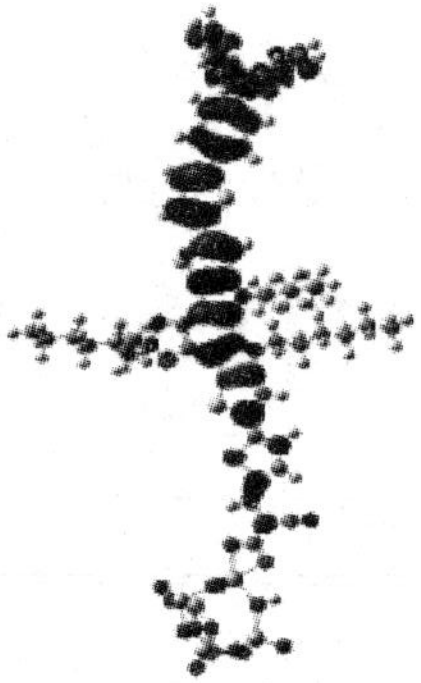
LUMO		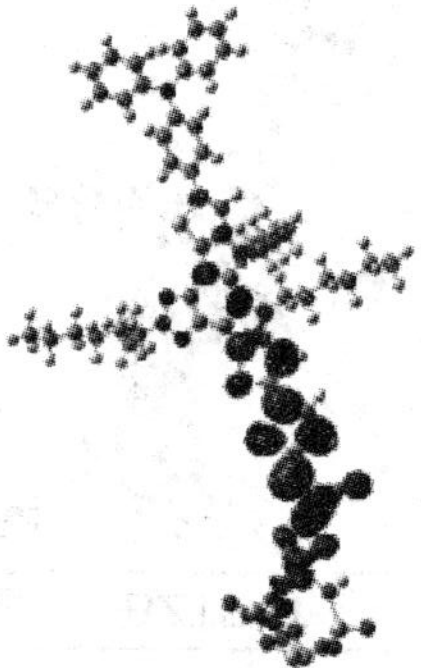	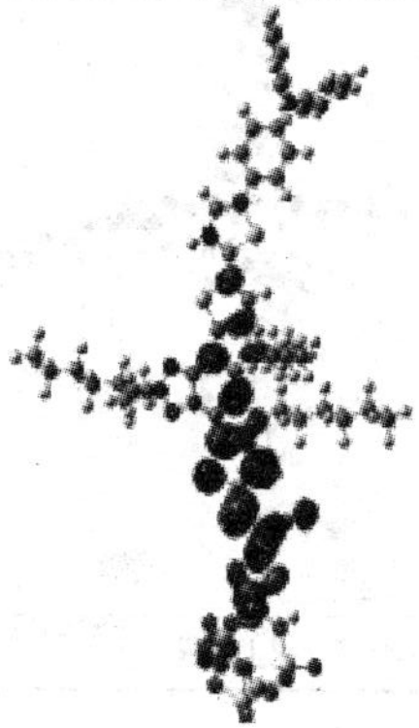	

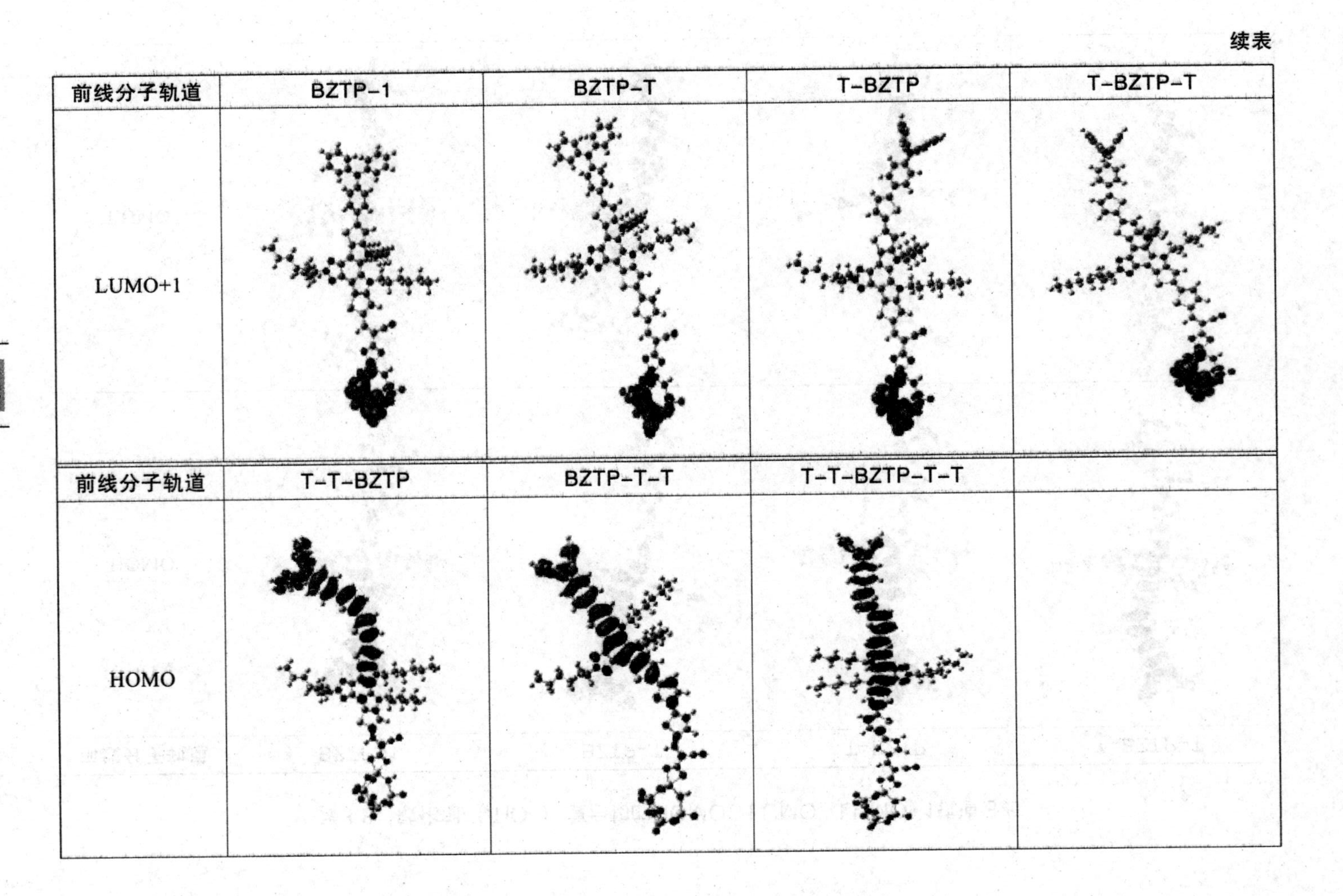
续表
前线分子轨道
BZTP-1
BZTP-T
T-BZTP
T-BZTP-T
LUMO+1
前线分子轨道
T-T-BZTP
BZTP-T-T
T-T-BZTP-T-T
HOMO

续表

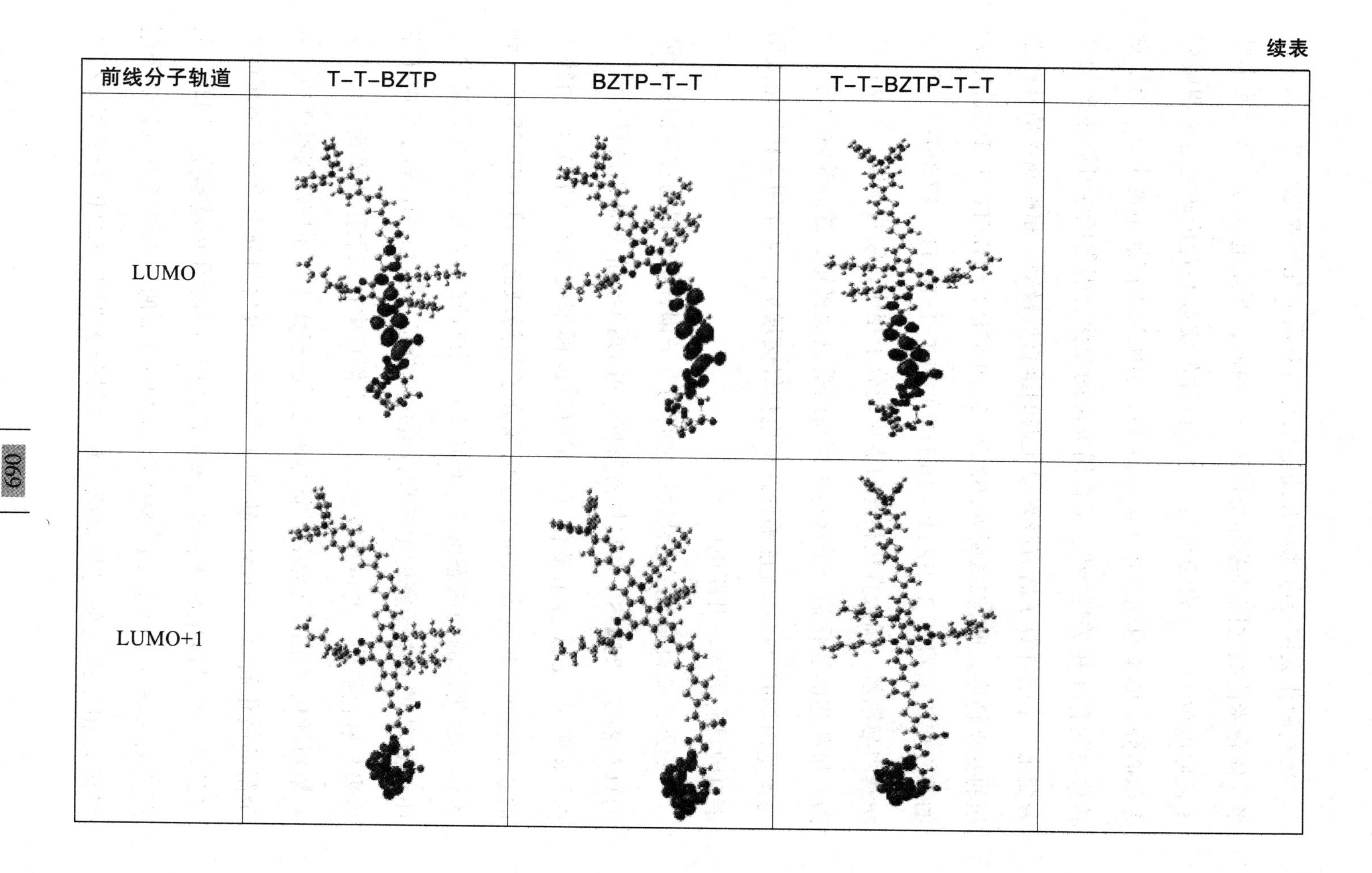

前线分子轨道	T-T-BZTP	BZTP-T-T	T-T-BZTP-T-T	
LUMO				
LUMO+1				

染料敏化太阳能电池的开路电压与电解质氧化还原电位和二氧化钛半导体费米能级之间的差异密切相关。因此，开路电压与二氧化钛半导体还原电位（E_{CB}）直接相关；更多以往的实验和理论研究也说明吸附敏化剂分子的垂直偶极矩（μ_{normal}）与染料敏化太阳能电池中 E_{CB} 的能量转移之间存在相关性[169]，垂直偶极矩的变化会引起电池开路电压的显著变化。本书计算了所有吸附敏化剂的垂直偶极矩，粗略地评估开路电压的变化趋势。见表 3.6 所列，BZTP-T（19.53D）和 BZTP-T-T（20.08D）的垂直偶极矩高于 T-BZTP（16.11D）和 T-T-BZTP（17.36D）。与噻吩基团与氰基丙烯酸直接相连的敏化剂分子相比，噻吩基团与氰基丙烯酸直接相连的敏化剂分子获得了更高的垂直偶极矩，这意味着噻吩基团与氰基丙烯酸直接相连能够使还原电位轻微增加，从而使染料敏化太阳能电池具有更大的开路电压。

此外，染料与二氧化钛团簇之间的电子耦合也可以通过表面复合物的总态密度（TDOS）和局域态密度（PDOS）分布来加以解释[170]。如图 3.8 所示，c 线表示敏化剂分子以双齿模型吸附在（TiO_2）$_6$ 团簇上的总态密度，b 线表示单个敏化剂分子的局域态密度（PDOS），a 线表示二氧化钛的局域态密度（PDOS），染料敏化剂与二氧化钛复合物 HOMO 轨道的电子密度主要来自敏化剂分子；而 LUMO 轨道的电子密度来自敏化剂分子的贡献较小，几乎全部集中在二氧化钛团簇上。通常在染料敏化太阳能电池中，非均相电子转移在小分子中起关键作用。被吸附的敏化剂分子 LUMO 轨道贡献越多，敏化剂分子受体上离域的电子越多，此时敏化剂分子与二氧化钛之间的耦合作用就越强。同时，从所选未占据分子轨道（LUMO 和 LUMO+1）的计算性质可以得到吸附对耦合相互作用的定量贡献。敏化剂分子 T-T-BZTP-T-T 和 BZTP-

T-T 的 LUMO 比 BZTP-1 具有更多的 LUMO 和 LUMO+1 轨道贡献。因此，T-T-BZTP-T-T 和 BZTP-T-T 两种噻吩单元嵌入受体和 π-A′-π-桥两侧的敏化剂分子会增强敏化剂与二氧化钛团簇之间的耦合作用，从而促进光激发染料电子注入二氧化钛表面。

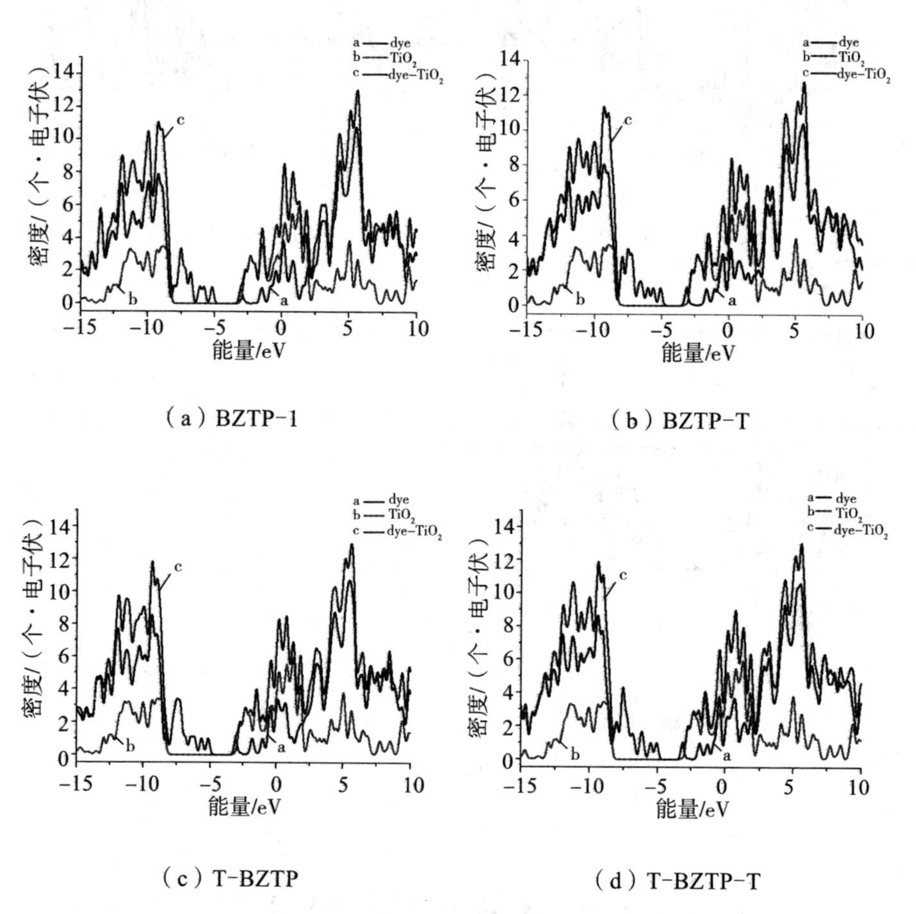

（a）BZTP-1　（b）BZTP-T

（c）T-BZTP　（d）T-BZTP-T

图 3.8　敏化剂分子以双齿模型吸附在（TiO_2）$_6$ 团簇上的总态密度以及局域态密度

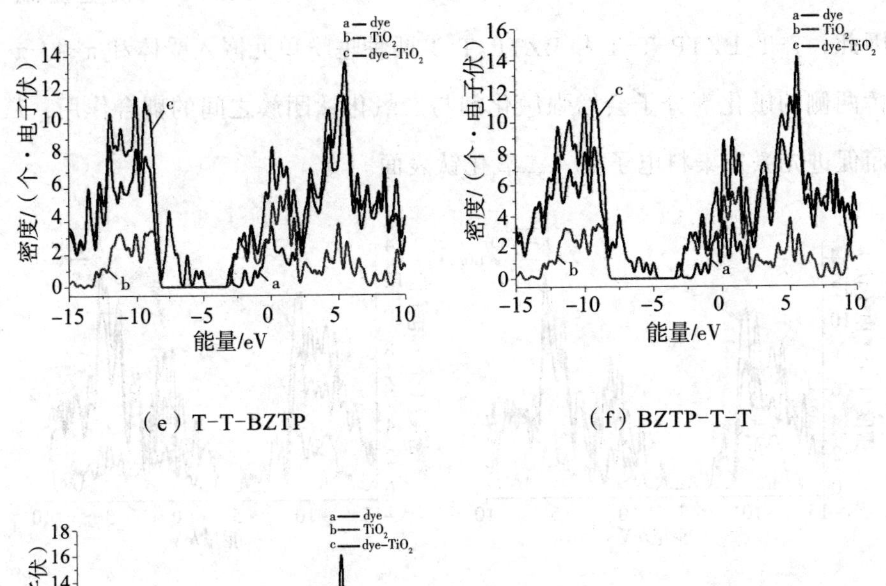

（e）T-T-BZTP　　　　（f）BZTP-T-T

（g）T-T-BZTP-T-T

图 3.8（续）

3.4　本章小结与展望

本章以 D-π-A′-π-A 型有机小分子染料敏化剂 BZTP-1 为基础，通过在其 π-A′-π- 桥中嵌入噻吩基团设计了一系列新型非金属 D-π-A′-π-A 型敏化剂分子。采用 DFT 和 TD-DFT 方法研究了染料敏化剂的电子结构、光谱性质、注入驱动力、再生驱动力、垂直偶极矩等性质。与实验敏化剂 BZTP-1 分子相比，这些嵌入噻吩基团的敏化剂分子表现出更高的分子平面性和更窄的 HOMO-LUMO 能隙，能够促进新的敏化剂分子具有较宽的吸收范围和较高的吸收强度的光谱性质，使其表现出明显的红移吸收光谱。尤其是两个噻吩基团同时嵌入 BZTP 分子基团两侧形成的敏化剂 T-T-BZTP-T-T 表现出最明显的红移和最强的吸收。此外，计算结果表明，由于理想的注入驱动力和再生驱动力，所有嵌入噻吩基团的敏化剂分子具有良好的电子注入和染料再生特性。通过分析这些敏化剂分子与二氧化钛复合物的几何结构、态密度、局域态密度分布，推断出敏化剂与二氧化钛表面之间存在较强的电子耦合。因此，噻吩基团嵌入分子的 π-A′-π- 桥中可以提高染料敏化剂的光伏性能，从而有助于改善染料敏化太阳能电池的能量转化效率。总的来说，本章的模拟与计算研究有助于实验上合成新的有机染料敏化剂，从而提高染料敏化太阳能电池的性能。

第 4 章　噻吩嵌入敏化剂 π–桥中光电性质的理论研究

4.1 概　　述

敏化剂吸光层是影响染料敏化太阳能电池性能及稳定性的主要结构。染料敏化剂的主要作用是捕获光能，由于受到激发的自身电子注入二氧化钛导带内，从而形成光电转换。最初运用钌（Ru）复合物的染料分子的能量转换效率（PCE）超过了12.0%[173]。然而，钌（Ru）复合物难以纯化、合成成本高、存在环境问题和相对较低的摩尔消光系数等一系列缺点限制了其应用[174]。在此期间，一系列柔韧性高、结构易于改变、合成途径多、摩尔消光系数高、低成本及环保的供体-共轭桥-受体（D-π-A）型有机小分子敏化剂引起了研究者的重视[175]。

通常情况下，有机小分子染料敏化剂的前线分子轨道能（HOMO和LUMO）可以反映电池的能量转化效率。染料敏化剂分子处于更窄的能隙条件下有利于促进染料分子内电荷从供体到受体的转移。同时，更窄的能隙还能促进敏化剂分子在紫外-可见光（UV-Vis）区域的吸收。大量实验与理论研究发现，改进敏化剂分子的结构是提高染料敏化太阳能电池的有效策略之一。Ferdowsi等人报道了一种D-π-A型染料敏化剂ND，ND中以连接烷基链的三苯胺基团为电子供体，以苯并噻唑基团连接乙炔基为分子的π-桥对电子从供体到受体进行传输，以苯甲酸作为电子受体（接受来自供体的电子）[176]。本书以敏化剂ND分子优异的D-π-A型结构为基础，在ND分子π-桥中的苯并噻唑两侧增加噻吩基团和并噻吩基团，设计出两个新的敏化剂分子ND2T和ND4T。然后，基于实验敏化剂分子和设计出的两个新分子，采用密度泛函理论（DFT）和含时密度泛函理论（TD-DFT）共同研究所有敏化剂分子的前线分子轨道能、电子性质及光谱性质。通过计算发现，在π-桥中引入噻吩基团可以缩短分子HOMO与LUMO之间的能隙。更重要的是，π-桥基团中引入两个并噻吩基团时表现出了最大红移和最强的光谱吸收，这从理论模拟上能够证明噻吩的引入对提高电池光吸收效率有很大的帮助，这也为实验上合成高效光伏性能的敏化剂分子提供了一条有效的设计路线。

4.2 详细计算

为了准确地模拟和计算其他几个设计的敏化剂分子，找到准确的最高占据轨道（HOMO）能和可见光谱吸收性质的方法，本书以实验分子ND为模型进行研究，旨在对实验分子ND进行结构优化。采用密度泛函理论（DFT）和含时密度泛函理论（TD-DFT）方法在Gaussian 09程序中计算所有敏化剂分子的电子结构；选择常用的PBE0泛函来对实验分子ND的基态（S_0）几何结构进行测试。计算发现PBE0/6-31G*方法得到的ND分子HOMO能量与实验值接近（5.10 eV）[176]，并且在优化的过程中没有虚频，证明这个方法对计算当前的体系是相对可靠的。因此，本书采用PBE0/6-31G*方法对两个新设计的染料分子结构进行优化。

基于已优化好的基态结构敏化剂分子，采用适合于光谱性质模拟的方法CAM-B3LYP/6-31G*模拟所有敏化剂分子的30个最低单线态激发的紫外-可见（UV-Vis）光谱吸收。为了使模拟计算更接近真实环境，在所有计算环境中使用实验光谱性质所采用的二氯甲烷作为溶剂且使用类导体连续极化模型（C-PCM）对体系进行模拟计算[157]。此外，根据敏化剂分子的优化和激发性质，用 Multiwfn 2.5[156] 软件分析出每个敏化剂分子的电荷差分密度分布，并以此比较它们的电荷分离效率。

4.3　结果与讨论

4.3.1　基态结构和电子性质

ND、ND2T 和 ND4T 分子的化学结构及结构改进设计展示在图 4.1 中，在 PBE0/6-31G* 方法中计算所有敏化剂分子的前线分子轨道（HOMO 和 LUMO）分布和 $S_0 \rightarrow S_1$ 态的电荷差分密度图展示在图 4.2 中。由此可知，从 ND 到 ND2T 增加一个噻吩基团，再到 ND4T 增加一个并噻吩基团，结构上的改进增加了整个分子的共轭性。增强的共轭性也就能够增强 π- 桥的作用。通常，敏化剂分子的最高占据轨道（HOMO）和最低空轨道（LUMO）的轨道分布及能隙值是影响电子激发和跃迁的关键因素[158-159]。从图 4.2 可以观察到，所有敏化剂分子的 HOMO 轨道主要定域在三苯胺电子给体基团部位，而 LUMO 轨道主要定域在一部分 π- 桥和羧基电子受体部位，这样离域的轨道分布能够满足电荷分离条件。此外，敏化剂分子的 HOMO 和 LUMO 能级与电子注入效率有密切的关系。当敏化剂分子的 LUMO 能级高于二氧化钛导带（-4.0 eV）边缘（CBE）时，敏化剂中激发的电子能够有效地注入二氧化钛中；HOMO 能级低于电解质的氧化还原电位（-4.7 eV）时，有利于激发态敏化剂从电解质中快速得到电子而恢复成基态。表 4.1 列出了所有敏化剂分子的 HOMO 和 LUMO 轨道能量，由表 4.1 可知所有分子 LUMO 能级都高于二氧化钛导带（-4.0 eV）边缘（CBE），而 HOMO 能级都低于电解质的氧化还原电位（-4.7 eV），这就能够确定这些敏化剂分子具有良好的电子注入效率。当在 π- 桥中引入噻吩后，ND2T 和 ND4T 的 HOMO 能级均升高，LUMO 能级均降低，同时它们的能隙随噻吩的数量增加而降低。ND2T 和 ND4T 中更低的能隙能够使电子更容易激发，有利于敏化剂分子光谱吸收红移，从而改善敏化剂分子的光谱性质。

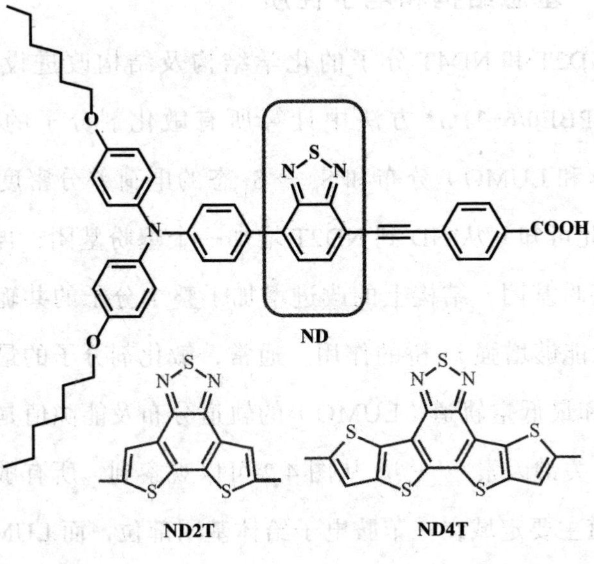

图 4.1 ND、ND2T 和 ND4T 分子的化学结构及结构改进设计

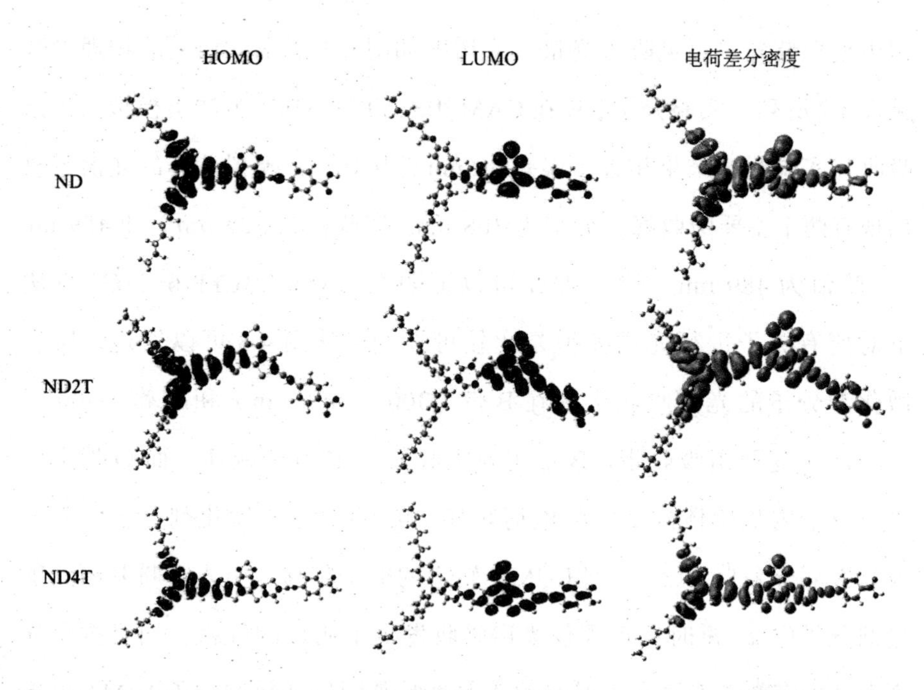

图 4.2 在 PBE0/6-31G* 方法中计算所有敏化剂分子的前线分子轨道（HOMO 和 LUMO）分布和 $S_0 \rightarrow S_1$ 态的电荷差分密度图

表4.1 在PBE0/6-31G*方法中计算所有敏化剂分子HOMO、LUMO能级轨道能和HOMO-LUMO能隙值

敏化剂分子	ε_{HOMO} /eV	ε_{LUMO} /eV	$\Delta\varepsilon$ /eV
ND	-5.10	-1.48	3.62
ND2T	-5.08	-2.26	2.82
ND4T	-5.04	-2.37	2.67

4.3.2 光谱和电子转移性质

关于实验分子 ND 的各方面性质的实验是在二氯甲烷溶剂中进行的，因此为了使计算结果更接近实际环境，将所有敏化剂分子在二氯甲烷溶

剂中模拟紫外 - 可见吸收光谱，光谱图如图 4.3 所示，相关的物理参数见表 4.2 所列。实验分子 ND 在 CAM-B3LYP/6-31G* 方法下模拟的光谱吸收与实验测试结果相近（误差 30 nm 范围内），模拟计算的光谱吸收出现有两个主要吸收峰，分别为 308 nm（实验值为 323 nm）和 459 nm（实验值为 489 nm）[176]。据此可以证明在 CAM-B3LYP/6-31G* 方法下对所有分子进行光谱模拟是比较可靠的。从图 4.3 可以发现，所有敏化剂分子的光谱吸收中存在 B 带（300 ～ 400 nm）和 Q 带（400 ～ 550 nm）这两组吸收带。B 带主要吸收 $\pi \rightarrow \pi^*$ 电子跃迁，而 Q 带主要吸收分子内从给体到受体的电荷转移（ICT）。这些敏化剂分子的光谱吸收大部分来自 HOMO 到 LUMO 轨道的电子转移。引入噻吩基团到敏化剂分子的 π- 桥时发现不仅光谱吸收发生了明显的红移，而且振子强度得到了有效的升高。尤其是引入并噻吩基团的敏化剂分子 ND4T 由于最窄的能隙表现出最大光谱吸收红移（λ_{max}=463 nm）和最高的振子强度（f=1.934）。这种高强度的吸收及显著的红移能够有效地提高敏化剂分子的光捕获效率，最终使这些引入噻吩的敏化剂分子运用到染料敏化太阳能电池中能够获得更好的光伏性能。此外，图 4.2 最右侧展示了计算的所有敏化剂分子的电荷差分密度分布。电荷差分密度图中的三苯胺给体基团附着区域表示电子密度减少区域，π- 桥和受体基团附着区域表示电子密度增加区域。从电荷差分密度图中可以看出，所有分子之间的基态到激发态（$S_0 \rightarrow S_1$）的电荷密度分布（给体基团和受体基团区域）存在明显的分离状态，这意味着这些染料分子内的电荷能够有效地激发并分离。

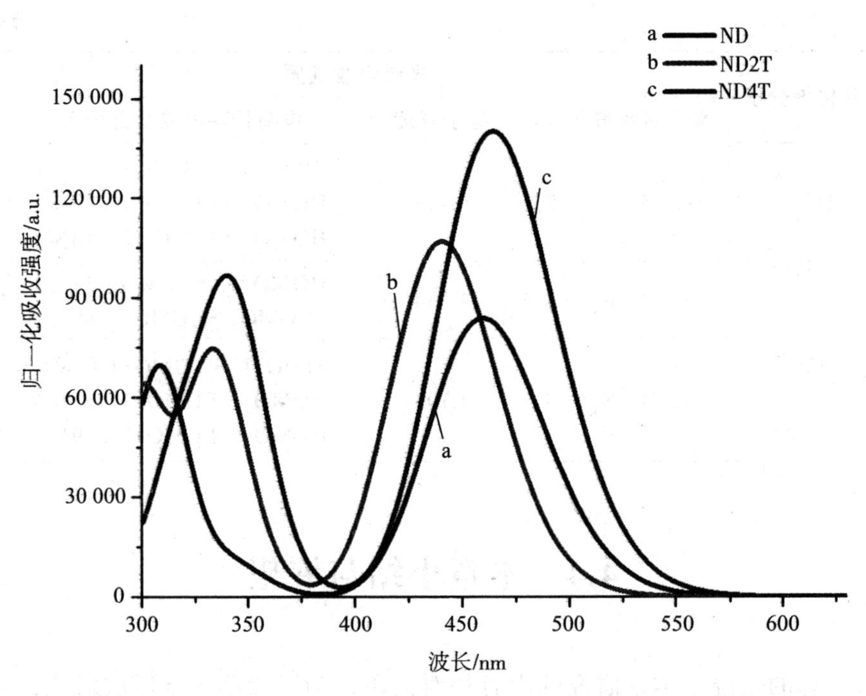

图 4.3　基于 CAM-B3LYP/6-31G* 方法在二氯甲烷溶剂中模拟敏化剂分子 ND、ND2T 和 ND4T 的紫外－可见光谱吸收

表4.2　敏化剂分子ND、ND2T和ND4T在二氯甲烷溶剂中的最大吸收波长、振子强度及电荷转移组成

敏化剂分子	光谱吸收性质		
	最大吸收波长 /nm	振子强度	电荷转移组成及百分率
ND	459.29（$S_0 \rightarrow S_1$）	1.158	HOMO−1 → LUMO（17%） HOMO → LUMO（78%）
	308.68（$S_0 \rightarrow S_3$）	0.928	HOMO−1 → LUMO+1（29%） HOMO → LUMO+1（46%） HOMO → LUMO+2（16%）
ND2T	440.01（$S_0 \rightarrow S_1$）	1.476	HOMO−1 → LUMO（27%） HOMO → LUMO（63%） HOMO → LUMO+2（4%）

续表

敏化剂分子	光谱吸收性质		
	最大吸收波长 /nm	振子强度	电荷转移组成及百分率
ND2T	332.05（$S_0 \to S_3$）	0.726	HOMO-1 → LUMO+1（35%） HOMO → LUMO+1（37%） HOMO → LUMO+2（16%）
ND4T	463.92（$S_0 \to S_1$）	1.934	HOMO-1 → LUMO（34%） HOMO → LUMO（56%）
	342.74（$S_0 \to S_3$）	1.193	HOMO-1 → LUMO+1（38%） HOMO → LUMO+1（21%） HOMO → LUMO+2（19%）

4.4　本章小结与展望

总的来说，本章研究的内容相对简单，为了与第 3 章形成对比，本章将噻吩及并噻吩基团引入 D-π-A 型敏化剂 ND 的 π- 桥中，设计出 ND2T 和 ND4T 两个新型敏化剂分子，这样的设计增长了敏化剂分子的 π- 共轭桥。通过密度泛函理论对新设计分子光电性质进行计算，发现随着噻吩基团的增加，敏化剂分子的 HOMO-LUMO 能隙逐渐减小。引入噻吩基团的敏化剂分子光谱吸收发生明显红移及吸收强度增大，尤其是 ND4T 获得了较好的光谱性质。因此，将噻吩基团引入敏化剂 π- 桥中对提高敏化剂光电性能有很大帮助。根据本体系中引入噻吩基团的设计思路可以看出，增加敏化剂分子的共轭链能够有效地缩短敏化剂分子的能隙，获得较高的光吸收效率。同时，本章的研究为合成新的敏化剂分子以提高染料敏化太阳能电池的光伏性能提供了新的思路。

第 5 章　共轭小分子空穴传输材料的设计与传输性质的理论研究

5.1 概　　述

目前，钙钛矿太阳能电池（PSCs）以其独特的光电性质和超高的能量转换效率（PCE）引起了光伏领域研究者的广泛关注[65]。在钙钛矿太阳能电池结构中，通常以有机－无机杂化钙钛矿（$CH_3NH_3PbX_3$，X=Cl、Br 和 I）作为光吸收层，它具有优异的光电性能，如消光系数高、光谱吸收范围宽及稳定性强等。同时，有机或无机材料作为空穴传输层[177-180]，能够降低空穴收集电极处的电荷复合，由此增强开路电压，减少电荷的损失，提高内量子效率。因此，空穴传输材料作为钙钛矿太阳能电池中重要的结构，在钙钛矿太阳能电池吸光层与电极之间对电荷分离和空穴传输起到了关键的作用[181]。

目前，研究者已经设计并合成了各种有机小分子空穴传输材料，使得钙钛矿太阳能电池的能量转化效率增长到 16%～18%[77-78, 182-184]。其中，较为常用的一种小分子空穴传输材料是 2，2′，7，7′- 四 [*N*，*N*- 二（4- 甲氧基苯基）氨基]-9，9′- 螺二芴（Spiro-OMe TAD），其运用在钙钛矿太阳能电池中使电池表现出很好的光伏性能，能量转化效率达到 20%[79-82]。然而，Spiro-OMe TAD 价格昂贵、合成复杂、固有空穴迁移率低（3.7×10^{-4} $cm^2\cdot V^{-1}\cdot s^{-1}$）[83, 185]，这限制了其在钙钛矿太阳能电池中大规模的应用。因此，研究人员正在努力开发低成本且高效率的空穴传输材料替代 Spiro-OMe TAD，以生产出高效率的钙钛矿太阳能电池器件。最近，研究发现空穴传输材料 2′，7′- 二 [4-（甲氧基苯基）

氨基]螺[环戊二烯并[2，1-*b*：3，4-*b*′]二噻吩-4，9′-芴]（FDT）作为空穴传输材料运用在钙钛矿太阳能电池中的能量转化效率达到了20.2%[86]。FDT结构易于改变并溶于对环境更友好的溶剂中，因此它能成为低成本的空穴传输材料。与Spiro-OMe TAD不同之处在于FDT分子结构核心部分包含了一个环戊二噻吩基团，这样的基团能够诱导空穴传输层与钙钛矿界面间形成噻吩与碘（I）的相互作用。这种额外的噻吩-碘相互作用可以改善空穴传输材料与钙钛矿界面处的空穴传输。此外，与Spiro-OMe TAD相比，FDT分子略低的最高占据分子轨道能级（HOMO）能够使整个钙钛矿太阳能电池保持较高的开路电压。然而，无论是Spiro-OMe TAD还是FDT，这类螺形衍生物空穴传输材料的合成仍具有很大的挑战，因为它们的合成需要在低温和严格的酸性或碱性条件下完成。近期，有学者在钙钛矿太阳能电池中以2，2′，7，7′-四[*N*,*N*-二(甲氧基苯基)氨基]-9,9′-二芴(KR216)作为空穴传输材料，其能量转化效率为17.8%[87]。与Spiro-OMe TAD和FDT相比，KR216的特殊之处在于引入碳碳双键到螺核部分中形成共轭的9，9′-二亚芴基中心核。共轭的9，9′-双芴基中心核能够通过一步反应合成得到，且所用的起始试剂成本较低，因此KR216的合成成本较低且仅由两步简单的步骤就能完成。此外，共轭9，9′-二亚芴基中心核能有效增加整个分子的平面性，这可以使空穴传输材料分子二聚体之间产生更好的面对面堆叠模型，这种面对面堆叠模型能够在很大程度上提高空穴传输材料的空穴传输能力。然而，KR216与Spiro-OMe TAD在空间结构上存在相似之处，这两个分子中都包含四个甲氧基二苯胺基团，使得分子与分子之间存在较大的空间位阻。较大空间位阻的几何结构使得空穴传输材料分子之间形成不利于空穴传输的二聚体堆叠模型，这将减少更高效的空穴传输路径。因此，要开发一个优秀的空穴传输材料，不仅需要较低的最高占据轨道（HOMO 能级）来提高钙钛矿太阳能电池的开路电压、缩减成本，还需要分子具有良好的平面性，以提高空穴传输材料与钙钛矿表面之间的空穴传输能力。

基于 FDT 的优势，本书选择 FDT 作为空穴传输材料的实验分子。同时，考虑到 KR219 中共轭核更容易合成，为了增加整个分子结构的平面性，本书将两个含有碳碳双键和萘的共轭中心核分别引入 DT1 和 DT2 中代替 FDT 的螺旋核。本书采用密度泛函理论（DFT）详细地研究了这三个新的空穴传输材料中共轭核对其几何结构与电子性质的影响，运用 Marcus 理论和 Einstein 关系式探讨了共轭核对空穴传输性质的影响。计算结果表明，与 FDT 相比，DT1 和 DT2 有更低的 HOMO 能级，引入共轭核的空穴传输材料可能使钙钛矿太阳能电池获得较高的开路电压。更重要的是，要研究空穴传输性能，就必须研究空穴传输材料的空穴迁移率。为了准确评估空穴传输分子间的电子耦合和空穴迁移率，本书通过它们的晶体结构来寻找相邻分子间可能的分子间空穴传输路径，然后计算每一条空穴传输路径的空穴迁移率。研究结果表明，将共轭中心核引入分子 DT1 和 DT2 中时更有利于形成分子二聚体的面对面堆积模型，从而使分子间产生更大的电子耦合。在这种较大的电子耦合条件下，两个引入共轭核的空穴传输分子 DT1 和 DT2 获得了比 FDT 更高的空穴迁移率。同时，随着共轭性的增强，这两个分子获得的空穴迁移率更高。因此，这两种新型空穴传输材料具有更好的空穴传输能力，它们很有可能代替 FDT 成为较有前途的空穴传输材料，尤其是共轭性更强的空穴传输分子 DT2。

5.2 详细计算

针对单个空穴传输分子的电子结构计算，本章使用密度泛函理论（DFT）和含时密度泛函理论（TD-DFT）在Gaussian 09程序下进行[153]。通过不同的泛函和基组对实验分子FDT的基态（S_0）结构进行优化发现，在BMK/6-31G** 方法下计算得到的HOMO能量与实验数据更一致[86]，同时通过振动分析证实优化得到的为能量最低点结构。因此，所有单个空穴传输分子的电子性质计算都在这个理论水平进行。在TD-DFT计算中，根据最优S_0的几何结构，使用B3LYP/6-31+G** 方法计算每个空穴传输分子30个最低单重态到单重激发态下的紫外－可见（UV-Vis）吸收光谱。同时，基于每个空穴传输分子第一激发态（S_1）的几何结构，使用B3LYP/6-31+G** 方法计算它们的发射光谱。同时，为了使模拟计算环境更接近真实实验环境，对于所有空穴传输分子的结构优化和光谱模拟都使用更能接近实际环境的类导体连续极化模型（C-PCM）来考虑溶剂化效应[157]。由于实验分子FDT的HOMO轨道能量在二氯甲烷溶剂中通过脉冲伏安法测量所得，因此所有空穴传输分子的结构优化也在二氯甲烷溶剂中进行；实验分子FDT的吸收光谱在氯苯中获得，因此所有分子的紫外－可见吸收模拟也在氯苯溶剂中进行。另外，为了比较每个空穴传输分子的电荷分离效率，本书使用Multwfn 2.5程序计算了它们的电子差分密度分布[156]，使用DctViaCube程序计算了它们的电荷转移量和电荷转移距离[116]。实验数据见表5.1所列。

表5.1　在二氯甲烷溶剂中采用不同方法计算实验分子的前线分子轨道能以及能隙值

分子优化方法	HOMO 轨道能 /eV	LUMO 轨道能 /eV	能隙值 /eV
参照值 [a]	-5.16	-2.28	2.88
BMK/6-31G**	-5.15	-0.57	4.58
PBE0/6-31G**	-4.70	-1.06	3.64
M06/6-31G**	-4.80	-1.04	3.76
HSE06/6-31G**	-4.34	-1.42	2.92
B3LYP/6-31G**	-4.48	-1.17	3.31

注：a 代表实验 HOMO 轨道能数据来自参考文献 [86]。

为了计算空穴传输分子之间的电子耦合，基于已优化的 DT1 和 DT2 结构，本书采用 Materials Studio(MS ）软件对其在 Polymorph 模块中进行晶体结构预测，并在同一模块中分析最低能量（最稳定）的空间群结构 [186]。从预测的结果来看，DT1 和 DT2 总能量最低的晶体结构属于 P_{21}/C 和 P_{21} 空间点群。对最稳定的单晶结构建立超胞构型并从中找出相邻分子之间可能的分子间空穴传输路径。每条空穴传输路径对应一对二聚体，并对不同分子二聚体进行分子间电子耦合计算。对于分子间电子耦合的计算，已有研究证明在 PW91 这个泛函下计算出来的结果与实验值更一致 [124]。因此，针对二聚体的分子间电子耦合计算，我们使用 VWN/PW91/TZP 方法在 ADF 程序中进行分子片段分析计算得出分子间的电子耦合。

5.3 结果与讨论

5.3.1 空穴传输分子的几何结构与电子性质

如图 5.1 所示，在空穴传输分子 DT1 和 DT2 中引入共轭的双芴基和萘中心核去取代高效空穴传输分子 FDT 中的螺核。分子结构的不同之处在于 FDT 螺核中的碳原子是 sp^3 杂化形式，而两个新的空穴传输分子 DT1 和 DT2 共轭中心核上的碳原子是两个 sp^2 杂化形式，构成了碳碳双键。相比螺核，碳碳双键具有更高的共轭性，因此引入碳碳双键增加了 DT1 和 DT2 整个分子的共轭性，尤其是引入萘核的 DT2 分子。一般情况下，sp^2 杂化中的 π 键不能自由旋转，更倾向于形成顺式或反式构象。因此，新设计的空穴传输分子中存在分子结构趋于平面化和空间位阻排斥之间的竞争，从而导致整个分子中心出现轻微的螺旋构象和较小的扭转角[87]。这样的构象和扭转角使得引入共轭核的空穴传输分子既具有螺核空穴传输分子的结构扭转优势，又具有共轭空穴传输分子的平面性优势。本书通过计算和测量空穴传输分子 DT1 中双芴核和 DT2 中萘核的二面角来判断整个分子结构的平面性。从计算结果来看，空穴传输分子 DT1 中双芴核的二面角为 27.47°，DT2 中萘核的二面角为 19.64°，而 FDT 中螺核的二面角为 88.67°（图 5.2），两个共轭核的二面角比螺核的小得多。因此，与 FDT 相比，空穴传输分子 DT1 和 DT2 具有更好的分子结构平面性，这可以促进分子中 π-共轭电子离域，以确保在 π-π 堆叠方向上有更高的载流子迁移率。

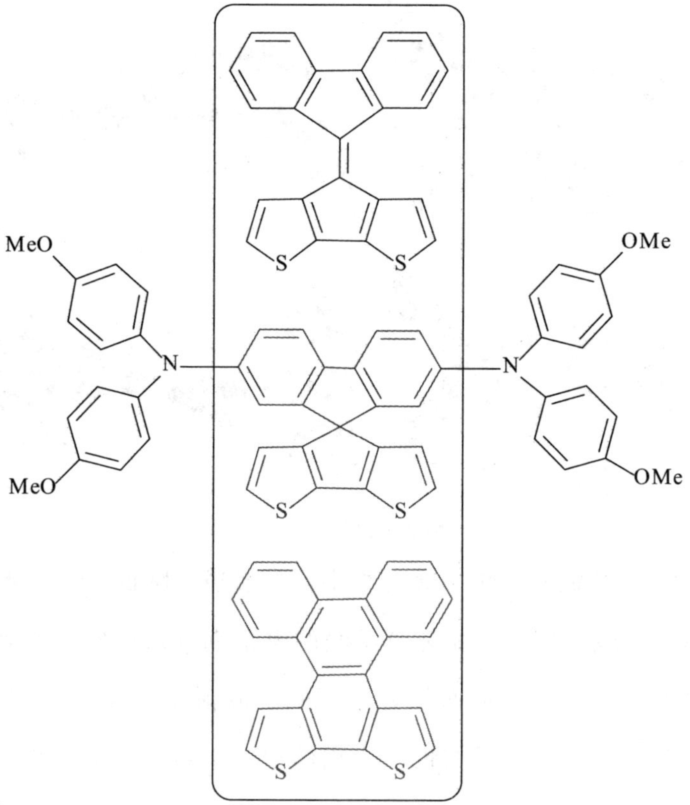

DT1

FDT

DT2

图 5.1　空穴传输分子 FDT 的分子结构及 DT1 和 DT2 分子的设计

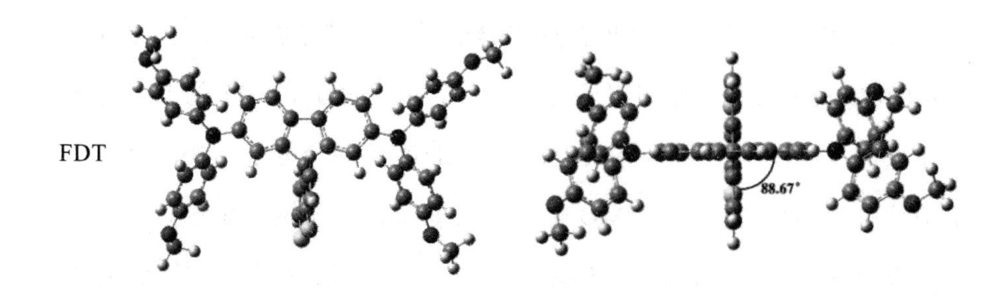

图 5.2　在 BMK/6-31G** 方法中优化的所有空穴传输分子结构（左：前视图，右：侧视图）

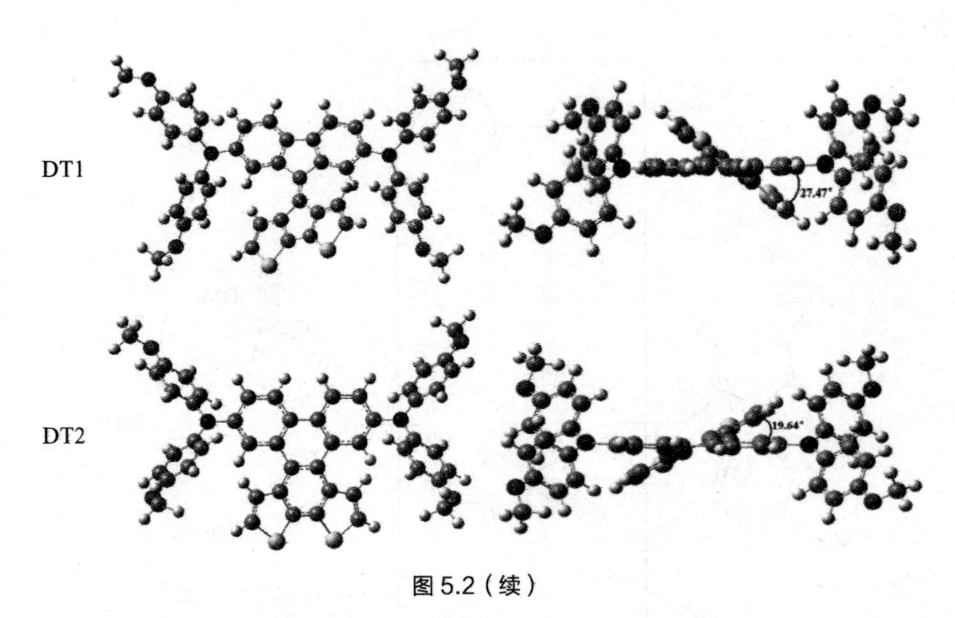

图 5.2（续）

在大多数 π- 共轭低聚物和聚合物中，一般通过降低分子内重组能和增加晶体结构或二聚体中相邻分子间的电子耦合来获得更多前沿分子轨道（FMO）的离域，从而使分子之间的载流子传输更快[187]。本书计算了三个空穴传输分子的最高占据轨道（HOMO）和最低空轨道（LUMO）能量，由此获得了电子结构与载流子传输性能之间的关系。如图 5.3 所示，所有空穴传输分子的 HOMO 轨道分布只存在微小的区别，即 HOMO 轨道主要分布在这些分子的甲氧基苯胺基团上，而它们的 LUMO 轨道分布却存在明显的差异。空穴传输分子 FDT 的 LUMO 轨道主要分布在芴 - 二噻吩基团上，DT1 和 DT2 两个分子结构的 π- 共轭效应增强，因此它们的 LUMO 轨道主要分布在共轭核心部分上。并且，分子 DT1 和 DT2 的 HOMO 和 LUMO 轨道分布之间存在微小的轨道重叠，这种 HOMO 和 LUMO 之间微小的轨道重叠可能使空穴传输分子中的中性激子和空穴传输快速形成[188]。因此，本书推测空穴传输分子 DT1 和 DT2 可能比 FDT 具有更好的空穴传输能力。

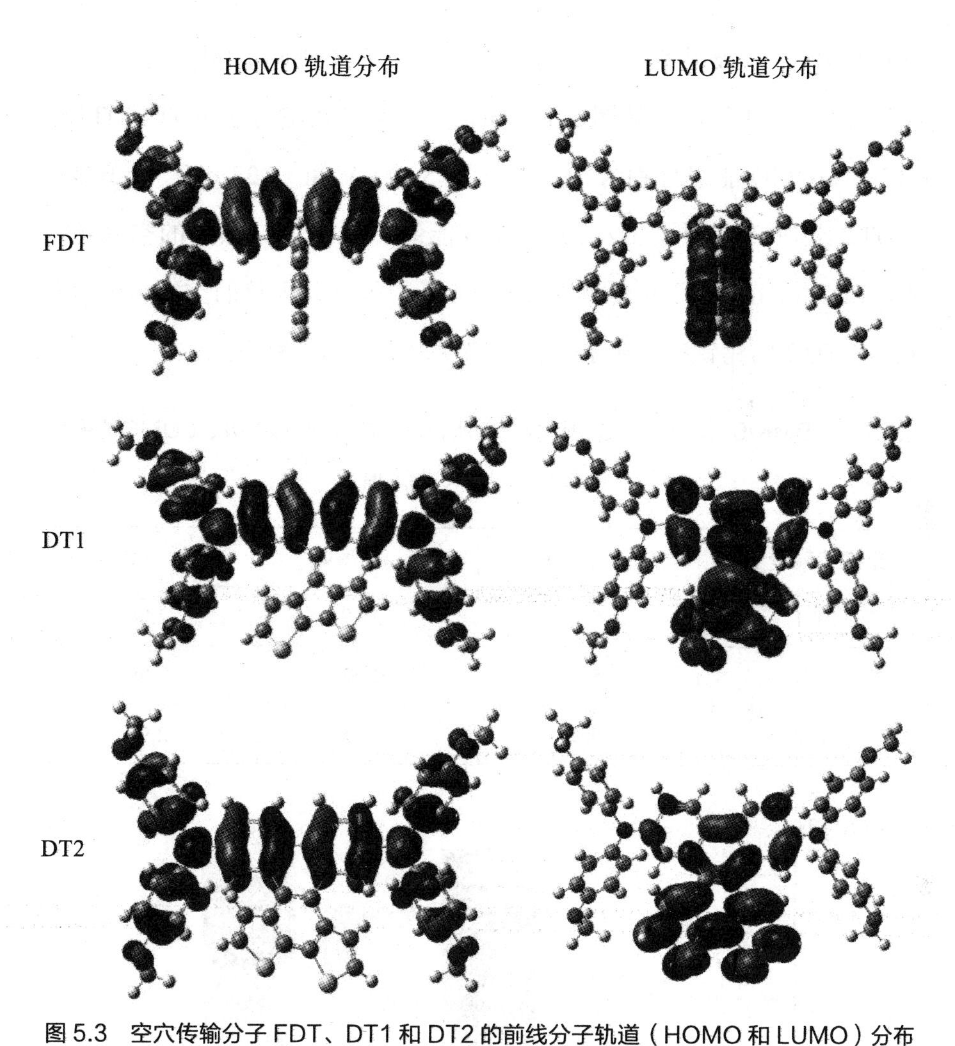

图 5.3　空穴传输分子 FDT、DT1 和 DT2 的前线分子轨道（HOMO 和 LUMO）分布

在钙钛矿太阳能电池中，器件的开路电压取决于二氧化钛的准费米能级与空穴传输材料 HOMO 能级之间的差异。空穴传输分子中存在较低的 HOMO 能级可以使电池获得较高的开路电压。因此，空穴传输材料获得合适的 HOMO 能级是非常有必要的。本书的参考分子 FDT 用 BMK/6-31G** 方法计算出的 HOMO 能量为 -5.15 eV，与实验值 -5.16 eV 非常吻合。本书研究的空穴传输分子都用此方法进行计算，它

们的 HOMO 能级见表 5.2 所列，模拟的 $TiO_2/CH_3NH_3PbI_3$/HTM/Au 的能级图如图 5.4 所示。从图 5.4 可知，三个空穴传输分子 FDT、DT1 和 DT2 的 HOMO 能级分别为 −5.15 eV、−5.21 eV 和 −5.23 eV，分子 DT1 和 DT2 比 FDT 获得了更深的 HOMO 能级。因此，与螺核的空穴传输材料 FDT 相比，由于更低的 HOMO 能级，具有共轭核的空穴传输材料 DT1 和 DT2 的钙钛矿太阳能电池可以获得更高的开路电压。

表5.2　在BMK/6−31G**方法中计算得到所有分子的HOMO能级、LUMO能级和HOMO−LUMO能隙值

空穴传输分子	ε_{HOMO} /eV	ε_{LUMO} /eV	$\Delta\varepsilon$ /eV
FDT	−5.15	−2.19	2.96
DT1	−5.21	−2.22	2.99
DT2	−5.23	−2.25	2.98

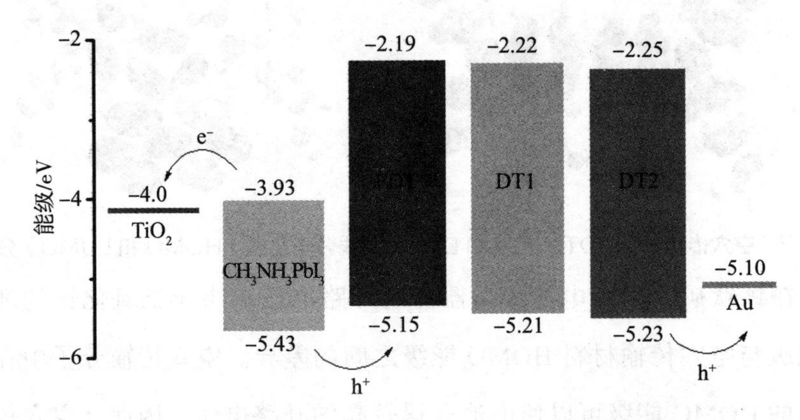

图 5.4　模拟 $TiO_2/CH_3NH_3PbI_3$/HTM/Au 的能级图

此外，由于所计算的每个空穴传输分子的 HOMO 能级之间的数值差异很小，考虑到计算精度，本书还测试了另外两种泛函（M06 和 PBE0）来计算分子 DT1、DT2 和 FDT 的 HOMO 能级。从计算结果来

看，尽管 DT1、DT2 和 FDT 的 HOMO 能级之间的差异仍然很小，但 HOMO 能级与 BMK 泛函计算出的结果仍然遵循相同的顺序，即 DT2 < DT1 < FDT。因此，将具有共轭核的空穴传输材料 DT1 和 DT2 作为空穴传输材料运用在钙钛矿太阳能电池中可以获得更高的开路电压。此外，空穴传输分子的 HOMO 能级也反映了整个电池器件的空穴注入能力，这可以通过空穴传输分子的 HOMO 能级与钙钛矿（$CH_3NH_3PbI_3$）价带之间的匹配程度判断。由图 5.4 可知，所研究的三个空穴传输分子的 HOMO 能级与 $CH_3NH_3PbI_3$（−5.43 eV）的价带具有良好的匹配度[189]，这样的匹配度能够确保来自钙钛矿的空穴有效地注入空穴传输层中。

为了阻止电子从钙钛矿向金属电极的传输，空穴传输分子的 LUMO 能级应高于钙钛矿（$CH_3NH_3PbI_3$）的导带（−3.93 eV）。对于所有空穴传输分子的 LUMO 能级计算，通过 LUMO=HOMO+E（E 为分子的第一激发能）公式结合 TD-B3LYP/6-31+G** 方法进行计算。计算得到的空穴传输分子 FDT、DT1 和 DT2 的 LUMO 能级分别为 −2.19 eV、−2.22 eV 和 −2.25 eV，它们都远高于 $CH_3NH_3PbI_3$ 的导带（图 5.4），表明这几种分子作为空穴传输材料时可以有效地阻止电子的回流。

5.3.2　光谱吸收与电荷转移性质

好的空穴传输材料不仅具有较好的空穴传输性能，通常还具有宽的紫外－可见（UV-Vis）吸收带和较大的斯托克斯位移（Stokes shift）。所有空穴传输分子在氯苯溶剂中的紫外－可见吸收光谱模拟如图 5.5 所示，相应的数据见表 5.3 所列。由图 5.5 和表 5.3 可知，空穴传输分子 FDT、DT1 和 DT2 在吸收带为 350 ～ 450 nm 时具有相似的最大吸收峰（λ_{max}），分别为 418 nm、414 nm 和 416 nm，且在这个吸收带主要有 π−

共轭体系的 π → π* 电子跃迁。由于更好的 π- 电子离域，分子 DT1 和 DT2 与 FDT 相比在整个可见光区获得了更宽的吸收带，DT1 和 DT2 在波长为 450 ~ 500 nm 时表现了明显的吸收，这表明引入碳碳双键增强了空穴传输分子的共轭程度。从表 5.4 氯苯溶剂中 FDT、DT1、DT2 的发射光谱的计算数据中可知，分子 FDT、DT2 和 DT1 的 λ_{max} 所对应的主要轨道转移贡献从 HOMO 轨道转移到 LUMO+1 轨道。

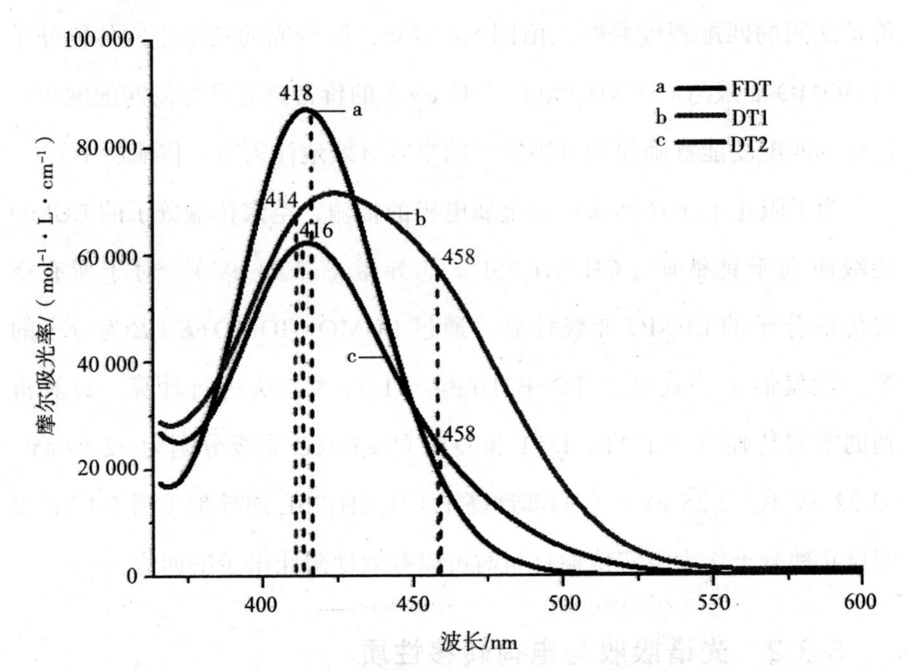

图 5.5　在氯苯溶剂中模拟空穴传输分子 FDT、DT1 和 DT2 的紫外 - 可见光谱吸收

表5.3　模拟氯苯溶剂环境中采用B3LYP/6-31+G**方法计算实验分子FDT的光谱性质

不同方法	最大吸收波长 /nm	激发能 /eV
参照方法 [a]	420.0	2.88
B3LYP/6-31+G**	418.2	2.96

续表

不同方法	最大吸收波长 /nm	激发能 /eV
B3LYP/6-31G**	402.6	3.08
B3LYP/6-311G**	410.7	3.02
CAM-B3LYP/6-31G**	343.5	3.61
M06-2X/6-31G**	347.6	3.57
M06/6-31G**	390.8	3.17
BMK/6-31G**	357.6	3.47
PBE0/6-31G**	389.5	3.18

注：a 代表实验最大吸收波长，来源于参考文献 [86]。

表5.4 氯苯溶剂中FDT、DT1和DT2的吸收波长、发射波长、振子强度（f）、电荷转移组成及斯托克斯位移

<table>
<tr><th rowspan="2">空穴传输分子</th><th colspan="3">光谱吸收参数</th><th colspan="2">发射参数</th></tr>
<tr><th>最大吸收波长 /nm</th><th>振子强度</th><th>电荷转移组成及百分率</th><th>发射波长 /nm</th><th>斯托克斯位移 /nm</th></tr>
<tr><td>FDT</td><td>418</td><td>0.922</td><td>HOMO → LUMO+1（96%）</td><td>486</td><td>68</td></tr>
<tr><td rowspan="2">DT1</td><td>414</td><td>0.750</td><td>HOMO-4 → LUMO（15%）
HOMO → LUMO+1（81%）</td><td rowspan="2">538</td><td rowspan="2">124</td></tr>
<tr><td>458</td><td>0.630</td><td>HOMO-3 → LUMO（98%）</td></tr>
<tr><td rowspan="2">DT2</td><td>416</td><td>0.747</td><td>HOMO → LUMO（39%）
HOMO → LUMO+1（58%）</td><td rowspan="2">526</td><td rowspan="2">111</td></tr>
<tr><td>458</td><td>0.117</td><td>HOMO → LUMO（39%）
HOMO → LUMO+1（58%）</td></tr>
</table>

由表 5.4 可知，发射波长（λ_{em}）呈现出以下红移顺序：FDT（486 nm），DT2（526 nm）和 DT1（538 nm）。它们的斯托克斯位移可以根据吸收和发射波长最大值之间的差值（$\Delta\lambda=\lambda_{em}-\lambda_{abs}$）来评估。通常，斯托克斯位移的大小可以表征分子从非平面的 S_0 态到 S_1 态的结构变化。三个空穴传输分子 FDT、DT1 和 DT2 的斯托克斯位移分别为 68 nm、124 nm 和 111 nm，DT1 和 DT2 比 FDT 具有更大的斯托克斯位移，这表明新的两个共轭核空穴传输分子从 S_0 态到 S_1 态几何结构发生了较大的实质性改变。因此，空穴传输材料分子中的碳碳双键在电子跃迁（$S_0 \rightarrow S_1$）过程中起到了重要作用。另外，分子 FDT 中螺核将导致较强的扭曲分子内电荷转移（TICT）吸收，这可能导致光电流下降。换言之，共轭核的引入将有利于降低空穴传输材料的分子内电荷转移吸收，从而使钙钛矿太阳能电池有较高的光电流。

为了研究共轭核对空穴传输材料中电荷转移性质的影响，本书还计算了所有单个空穴传输分子的电荷差分密度分布及相关数据。相关的参数如电荷转移距离（L）、电荷转移量（Δe）以及电荷密度增加与减少区域的重叠度（Ω）列于表 5.5 中。表 5.5 中的电荷差分密度分布中的浅灰色表示电荷密度减少区域，深灰色表示电荷密度增加区域，由此可以很直观地看到电荷密度减少区域（浅灰色）主要集中在分子的两个三苯胺基团上，而电荷密度增加区域（深灰色）主要分布在两个噻吩基团上。通常，空穴传输分子获得更大的电荷转移距离、更少的重叠程度，则可以实现良好的电荷分离效率。从计算的结果来看，分子 FDT、DT1 和 DT2 具有相似的重叠程度，分别为 0.21、0.28 和 0.23。对于电荷转移量来说，三个空穴传输分子都获得了较好的结果，FDT（1.47 eV）、DT1（1.20 eV）和 DT2（1.10 eV）的值都大于 1.00 eV。这意味着所有空穴传输分子的电荷分离效率都很好。而电荷转移距离呈现出以下顺序：DT2（3.71）>FDT（3.56）>DT1（3.36）。总的来说，DT2 不仅具有足够的电荷转移量和较少的电荷密度增加与减少区域的重叠度，而且具有较长的电荷转移距离。因此，空穴传输分子 DT2 应当具有最佳的电荷分离效率。

表5.5 所有空穴传输分子的前线分子轨道分布和电荷差分密度图、电荷转移距离、电荷转移量、电荷密度增加与减少的重叠程度

空穴传输分子	电荷差分密度分布	电荷转移距离 /Å	电荷转移量 /eV	电荷密度增加与减少的重叠程度
FDT	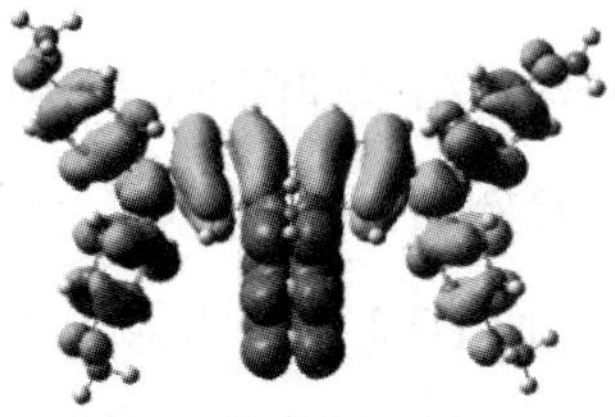	3.56	1.47	0.21
DT1	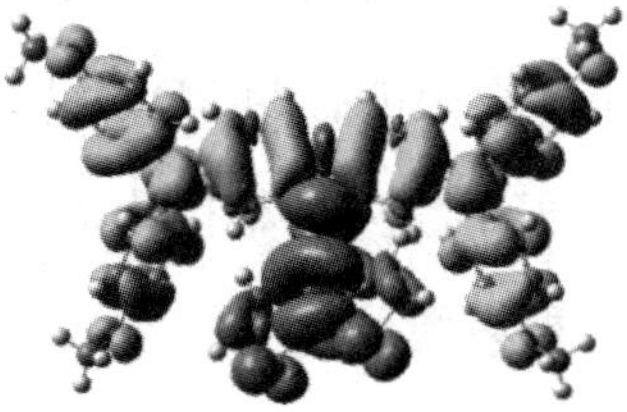	3.36	1.20	0.28
DT2	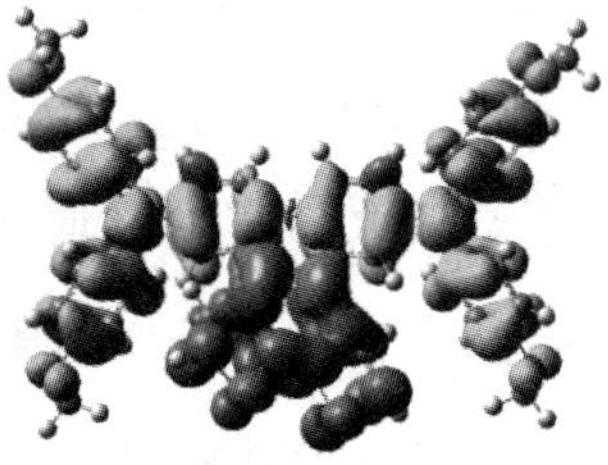	3.71	1.10	0.23

5.3.3 重组能和激子束缚能

由马库斯（Marcus）理论公式可知，重组能（λ）是决定空穴差传输材料空穴迁移率的重要参数之一。通常，较低的重组能可以确保空穴传输分子获得较快的空穴传输。分子的重组能包含内重组能（λ_{in}）和外重组能（λ_{out}）两部分。内重组能主要是由空穴传输分子在电荷转移过程中结构变化引起的分子能量的改变，而外重组能主要受外界环境的影响。对于大多数有机分子来说，内重组能占主导地位，由于外界环境对外重组能的影响不明显而通常被忽略，因此本书认为$\lambda=\lambda_{in}$[190]，只考虑内部的重组能[191]。基于所有分子结构都是在BMK/6-31G** 方法中进行优化的，因此本书仍然采用BMK/6-31G** 方法去掉溶剂影响的作用计算中性和阳离子状态下的最优几何结构，结果如图5.6所示。由图5.6可知，分子FDT、DT1和DT2的重组能分别为0.271 eV、0.278 eV和0.239 eV，DT1与FDT的重组能相近，而DT2的重组能小于FDT。这就意味着将萘中心核引入DT2中降低了分子的重组能，这可能是由萘核的最小二面角引起的。因此，由于较小的重组能，与FDT和DT1相比，初步估计空穴传输分子DT2可能具有更好的空穴传输能力。

此外，为了获得有效的电荷分离，被束缚的电子－空穴对应该克服库仑吸引力被分解成自由电荷（空穴和电子）[192-193]。激子束缚能（E_b）主要来源于电子－空穴对中的库仑吸引力，它的计算表达式可以写为$E_b=E_g-E_x=\Delta E_{H-L}-E_1$[194-195]，其中$E_g$为电子带隙，它可以通过HOMO-LUMO能隙（$\Delta E_{H-L}$）替代；$E_x$为光谱带隙，它可以近似为第一单线态激发能（$E_1$），通过$S_1$态的全优几何结构在TD-B3LYP/6-31+G** 方法获得。由表5.6可知，分子FDT、DT1和DT2的E_b值分别为0.41 eV、

0.69 eV 和 0.63 eV。其中，分子 FDT 获得了更小的 E_b，这个结果表明空穴传输分子 FDT 的电子 - 空穴对比 DT1 和 DT2 分子更容易解离成自由电荷载流子。而 DT1 和 DT2 中较大的激子束缚能可能不利于良好的空穴传输。但是，决定空穴传输能力的因素还有很多，如分子间电子耦合，这些将继续在接下来的小节进行讨论。

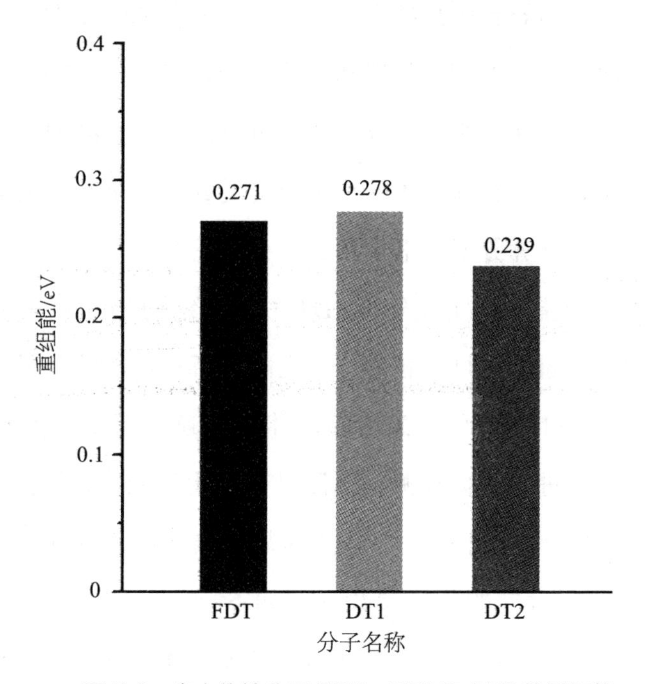

图 5.6　空穴传输分子 FDT、DT1 和 DT2 的重组能

表5.6　采用BMK/6-31G**方法计算FDT、DT1和DT2三个空穴传输分子的第一单线态激发能、能隙值和激子束缚能

空穴传输分子	第一单线态激发能 /eV	能隙值 /eV	激子束缚能 /eV
FDT	2.55	2.96	0.41
DT1	2.30	2.99	0.69
DT2	2.36	2.98	0.63

5.3.4 分子间电子耦合与空穴迁移率

通常，载流子迁移在许多物理和化学过程中发挥着非常重要的作用[120]。分子间电子耦合是载流子迁移率中较为重要的决定因素之一。一般来说，空穴传输分子中获得较大的电子耦合时，更有利于它们分子间的空穴传输，从而导致较高的空穴迁移率。电子耦合取决于发生相互作用的空穴传输分子间的相对位置和前线分子轨道（HOMO 和 LUMO）的分布模式。因此，在计算所研究分子的电子耦合时，必须找出它们相邻分子的相对位置，而相邻分子的相对位置受到其分子晶体结构的高度影响。因此，对于计算分子间电子耦合来说，它们最稳定的晶体结构尤为重要。已有研究指出了实验分子 FDT 的晶体结构[86]，因此本书直接用其晶体结构构建超胞并挑选相邻分子之间的所有可能的分子间空穴传输路径[196]。DT1 和 DT2 分子的实验晶体结构还未报道，因此本书使用 MS 软件对它们进行晶体预测。预测晶体结构如图 5.7 所示。从预测的结果来看，DT1 和 DT2 总能量最低的晶体结构分别属于 P_2/C 和 P_{21} 空间点群。它们所对应的晶格参数分别如下：DT1，Z=4，a=4.953 Å，b=71.306 Å，c=11.903 Å 和 α=γ=90°，β=104.569°；DT2，Z=2，a=18.093 Å，b=4.506 Å，c=25.582 Å，α=γ=90°，β=109.440°。在这些晶体结构中，本书选择其中一个分子作为空穴传输的中心，找出八条或九条最邻近分子间的空穴传输路径，即确定中心分子与相邻分子之间可能的空穴传输路径。三个空穴传输分子的各个传输路径形成的二聚体之间的质心距展示在图 5.7 中。针对每一条空穴传输路径，本书将它们之间形成的二聚体提取出来通过 ADF 软件中的二聚体片段分析直接计算相邻分子之间的电子耦合[120]。同时，所计算出来的二聚体间的质心距（r_i，Å）、电子耦合（V, eV）、电子跃迁速率（k_{ij}, s^{-1}）以及空穴迁移率（μ, $cm^2 \cdot V^{-1} \cdot s^{-1}$）列于表 5.7 中。

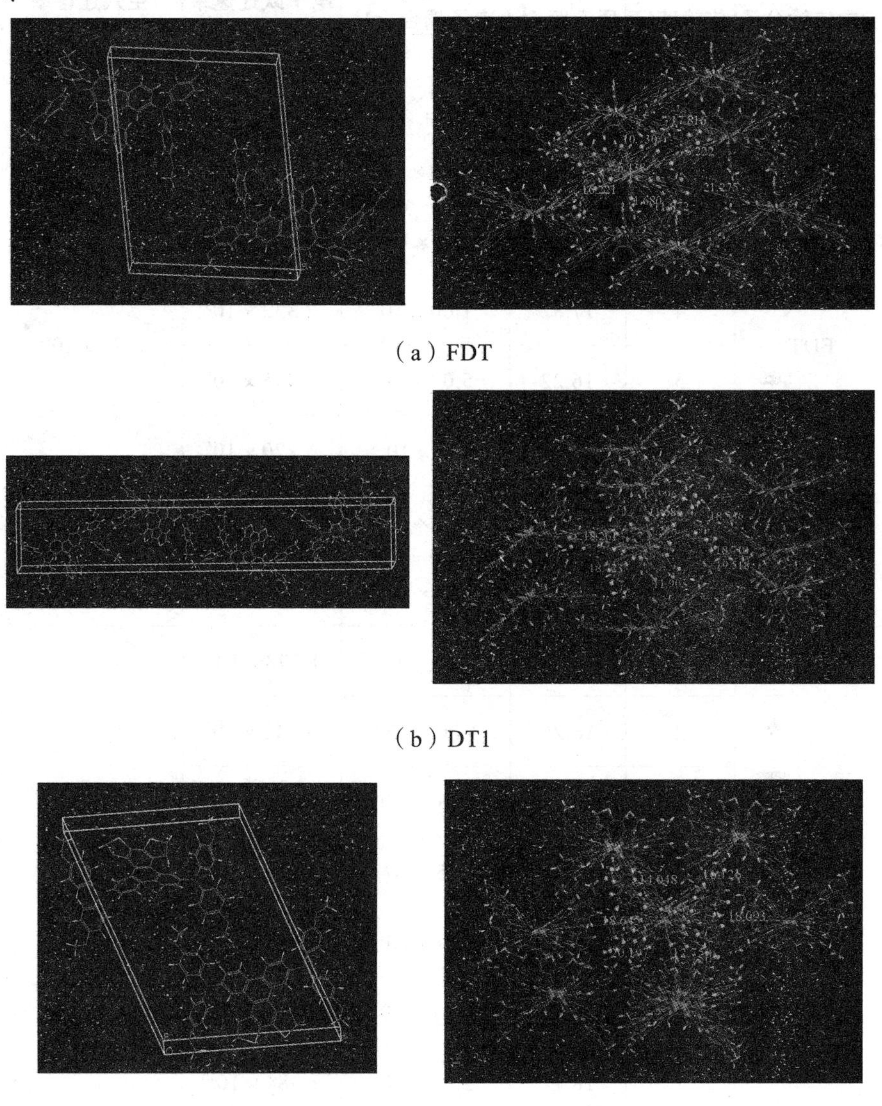

（a）FDT

（b）DT1

（c）DT2

图 5.7　FDT、DT1 和 DT2 三个空穴传输分子的预测晶体结构以及各个传输路径形成的二聚体之间的质心距

表5.7　所有分子的质心距、电子耦合、电子跃迁速率、空穴迁移率

空穴传输分子	传输路径	质心距 /Å	电子耦合 /eV	电子跃迁速率 /s^{-1}	空穴迁移率 /($cm^2 \cdot V^{-1} \cdot s^{-1}$)
FDT	1	16.22	-5.07×10^{-4}	5.995×10^{8}	1.25×10^{-4}
	2	6.44	-1.49×10^{-3}	5.155×10^{9}	
	3	10.73	1.84×10^{-4}	7.867×10^{7}	
	4	17.82	-1.00×10^{-5}	2.332×10^{5}	
	5	16.22	-5.07×10^{-4}	5.995×10^{8}	
	6	21.28	2.29×10^{-5}	1.220×10^{6}	
	7	11.87	3.32×10^{-4}	2.575×10^{8}	
	8	11.68	1.51×10^{-5}	5.342×10^{5}	
DT1	1	18.72	-2.53×10^{-3}	1.398×10^{10}	1.63×10^{-3}
	2	18.26	1.20×10^{-4}	3.142×10^{7}	
	3	14.00	-1.00×10^{-5}	2.169×10^{5}	
	4	11.69	2.65×10^{-3}	1.525×10^{10}	
	5	5.30	3.99×10^{-3}	3.456×10^{10}	
	6	18.53	-8.01×10^{-4}	1.392×10^{9}	
	7	18.71	-2.52×10^{-3}	1.384×10^{10}	
	8	19.52	2.73×10^{-7}	1.61×10^{2}	
	9	11.90	-4.76×10^{-4}	4.915×10^{8}	

续表

空穴传输分子	传输路径	质心距 /Å	电子耦合 /eV	电子跃迁速率 /s^{-1}	空穴迁移率 /($cm^2 \cdot V^{-1} \cdot s^{-1}$)
DT2	1	20.20	-7.56×10^{-5}	1.930×10^{7}	2.73×10^{-2}
	2	18.65	4.74×10^{-4}	7.607×10^{8}	
	3	14.05	-1.10×10^{-3}	4.098×10^{9}	
	4	4.51	2.50×10^{-2}	2.112×10^{12}	
	5	16.13	1.02×10^{-3}	3.541×10^{9}	
	6	18.09	-1.96×10^{-3}	1.299×10^{10}	
	7	12.75	1.05×10^{-3}	3.776×10^{9}	
	8	12.75	1.05×10^{-3}	3.776×10^{9}	

空穴传输分子之间的堆叠模型对它们之间的质心距和电子耦合具有较强的影响。如图 5.8 所示，所有分子间形成的二聚体都具有三种堆叠模型：面对面堆叠、交叉堆叠（人字形）和头对头堆叠模型。其中，面对面堆叠模型可以有效地增加二聚体之间的 π-π 堆叠，而交叉堆叠和头对头堆叠模型不利于二聚体之间的 π-π 堆叠。在所有的空穴传输路径中，FDT 中的传输路径 2、DT1 中的传输路径 5 和 DT2 中的传输路径 4 属于面对面堆叠模型（图 5.8）。在这种面对面堆叠模型中，分子通过环戊二噻吩或苯并二噻吩平面以滑动方式堆叠。在所有路径当中，由于二聚体之间有效的 π-π 堆叠，FDT 中的路径 2、DT1 中的路径 5 和 DT2 中的路径 4 有最短的质心距，并获得了最大的电子耦合绝对值。从表 5.7 可以看出，最短质心距按照 FDT（6.44 Å）>DT1（5.30 Å）>DT2（4.51 Å）的顺序排列，最大的电子耦合绝对值依次为 FDT（1.49×10^{-3} eV）<DT1（3.99×10^{-3} eV）<DT2（2.50×10^{-2} eV）。此外，由于较短的质心距，面对面堆叠中还存在硫（S）- 硫（S）接触，从而导致强烈的硫 -

硫之间的相互作用，这种较强的硫－硫之间的相互作用也可以增加分子间的电子耦合。当共轭核取代了螺核时，研究人员在相邻分子之间发现了较短的分子间硫和硫的接触（图 5.8）。三个空穴传输分子 FDT、DT1 和 DT2 面对面堆叠二聚体的硫和硫之间的距离分别为 6.44 Å、4.95 Å 和 4.51 Å。这个结果表明分子 DT2 具有最强的硫－硫之间的相互作用。因此，引入共轭核有利于空穴传输分子二聚体之间的 π-π 堆叠和较强的硫－硫之间的相互作用，从而促进空穴传输分子获得更高效的空穴传输能力。与面对面堆叠相比，交叉型堆叠和头对头堆叠的路径均得到了更小的分子间电子耦合。例如，在 FDT 中的路径 6（2.29×10^{-5} eV）、DT1 中的路径 8（2.73×10^{-7} eV）和 DT2 中的路径 1（7.56×10^{-5} eV）中分别获得了最小电子耦合绝对值。总的来说，虽然交叉型堆叠和头对头堆叠不利于空穴传输分子获得较大的电子耦合，但总的电子耦合随着分子共轭性的增加而增加（表 5.7）。因此，根据 FDT、DT1 和 DT2 之间电子耦合的不同，本书认为共轭核可能在增加空穴传输分子结构共轭程度和提高空穴传输能力方面起到重要作用。

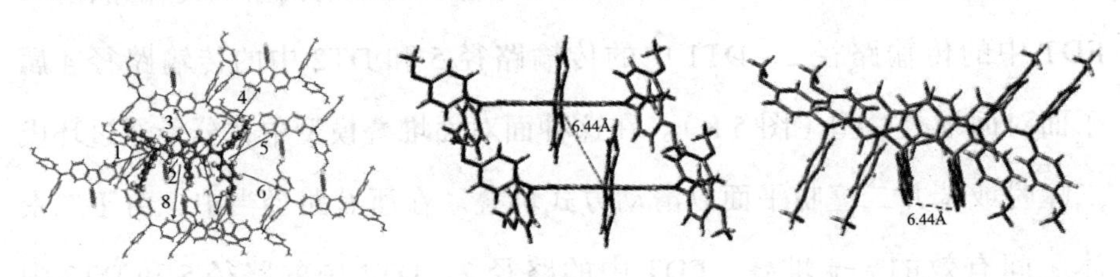

（a）FDT

图 5.8　主要空穴传输路径及二聚体间的面对面堆叠

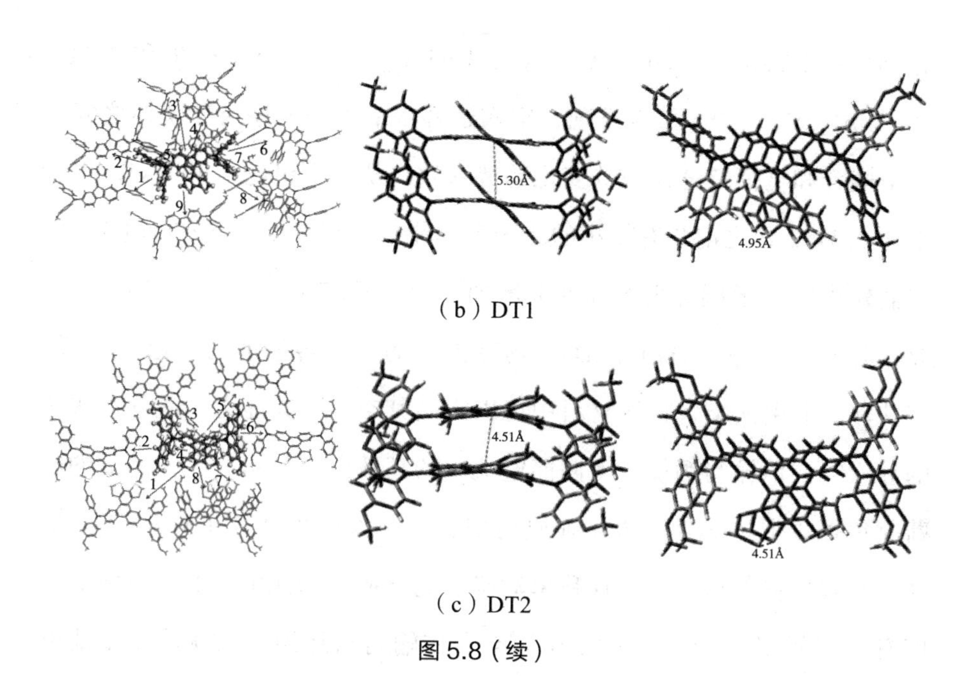

（b）DT1

（c）DT2

图 5.8（续）

另外，与分子 FDT 一样，DT1 和 DT2 的分子结构中也含有二噻吩基团。当它们作为空穴传输材料被吸附在钙钛矿表面时，不仅存在主要的空穴传输分子中甲氧基与钙钛矿氨基甲基位点之间的相互作用，而且空穴传输分子中存在额外的噻吩与钙钛矿中碘的相互作用。这种空穴传输材料 /$CH_3NH_3PbI_3$ 之间的相互作用加强了空穴传输层与钙钛矿表面之间的结合。这表明空穴传输层和钙钛矿之间具有较强的吸附和界面耦合。由于额外的噻吩 - 碘相互作用，钙钛矿中碘原子贡献到价带上的光生空穴能够有效地转移到空穴传输材料中。这也提供了另一种空穴传输路径。因此，空穴传输材料与钙钛矿表面之间的相互作用有助于空穴传输层形成高效的空穴传输体系。

本书根据 Marcus 理论和 Einstein 关系式计算电子跃迁速率和空穴迁移率。对于 FDT、DT1 和 DT2，计算得到的最大电子跃迁速率值分别为 $5.155 \times 10^9\ s^{-1}$、$3.456 \times 10^{10}\ s^{-1}$ 和 $2.112 \times 10^{12}\ s^{-1}$，空穴迁移率

分别为 1.25×10^{-4} $cm^2\cdot V^{-1}\cdot s^{-1}$、$1.63\times10^{-3}$ $cm^2\cdot V^{-1}\cdot s^{-1}$ 和 2.73×10^{-2} $cm^2\cdot V^{-1}\cdot s^{-1}$。可以发现，空穴迁移率的大小顺序与二聚体之间的电子耦合和电荷跃迁速率的变化趋势一致。从以上讨论结果可知，尽管 DT1 和 DT2 在之前具有较小的激子束缚能（不利于促进空穴传输），但它们较大的电子耦合很大程度上增加了 DT1 和 DT2 的空穴迁移率。因此，与 FDT 相比，DT1 和 DT2 具有更好的空穴传输能力。也就是说，将共轭核心引入空穴传输材料中可以提高其空穴传输能力。此外，快速的界面空穴传输与钙钛矿太阳能电池中的高效电荷收集有关，高效的电荷收集可以促进钙钛矿太阳能电池中获得更大的短路电流密度 [197]。因此，空穴传输材料的空穴迁移率对确定钙钛矿太阳能电池的短路电流密度有关键作用，DT1 和 DT2 作为空穴传输材料运用在钙钛矿太阳能电池中可能具有较大的短路电流密度。综合考虑所有空穴传输分子的空穴传输性能，本书推测 DT1 和 DT2 作为空穴传输材料可以提高整个钙钛矿太阳能电池的能量转化效率。

5.3.5 单个空穴传输分子的稳定性

钙钛矿太阳能电池中的空穴传输材料需要具有良好的稳定性。通常，有机半导体的稳定性可以通过绝对硬度（η）来评估 [198-200]。在本书中，空穴传输分子的绝对硬度越大，整个材料的稳定性就越好。下面运用 $\eta=(IP_a-EA_a)/2$ 公式对所有空穴传输分子的绝对硬度进行计算 [201]。其中，IP_a 表示绝热电离势，EA_a 表示绝热电子亲和能。计算的绝对硬度值列于表 5.8 中，DT2、FDT 和 DT1 的绝对硬度分别为 2.715 eV、2.550 eV 和 1.970 eV。显然，三个分子中 DT1 的绝对硬度是最小的。这意味着 DT1 可能表现出较差的稳定性，而 FDT 与 DT2 可能表现出更稳定的性质。此外，电离势和电子亲和能与空穴和电子的注入能垒有关[202]。FDT、DT1 和 DT2 的电离势分别为 5.34 eV、5.41 eV 和 5.47 eV。由于较大的电离势，DT1 和 DT2 作为空穴传输材料有利于空穴注入半导体的空轨道中。

表5.8　所有分子的绝对硬度计算值

空穴传输分子	IP_a /eV	EA_a /eV	绝对硬度 /eV
FDT	5.34	0.24	2.550
DT1	5.41	1.47	1.970
DT2	5.47	0.04	2.715

此外，表面静电势（ESP）图也可以评估空穴传输分子的稳定性[203]。本书研究的空穴传输分子的静电势图显示在图 5.9 中。一般来说，分子上的负电荷越多，结构越容易被氧化，分子氧化还原稳定性越容易下降。由图 5.9 可知，所有分子的正电荷区域主要集中在二苯胺的氮原子和苯环上。由于缺电子能力较强，FDT 和 DT2 的负电荷主要集中在甲氧基的氧原子上；而 DT1 的负电荷主要集中在二芴核的甲氧基和噻吩环的氧原子上。与 DT1 相比，FDT 和 DT2 具有更多的带正电的区域。因此，DT1 是三个分子中最容易被氧化的物质，而 DT2 和 FDT 具有更好的稳定性。同时，静电势图中的电荷分布结果与计算出的绝对硬度一致。从整体来看，将共轭核心引入空穴传输材料中可以使空穴传输分子获得更深的 HOMO 能级、更宽的吸收带以及更好的空穴传输能力。因此，具有共轭核心的空穴传输材料 DT1 和 DT2 很有可能作为 FDT 的替代物。

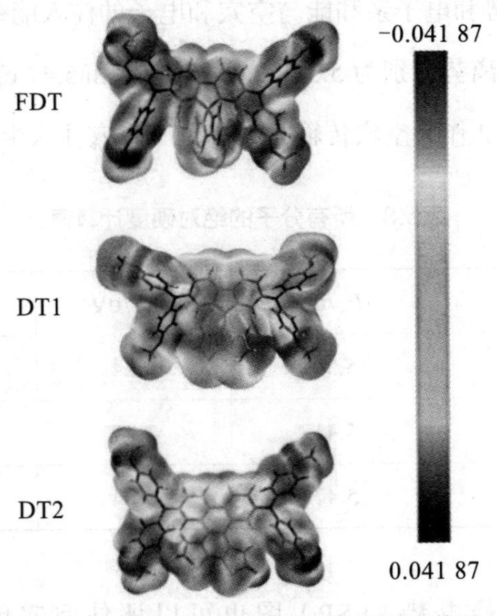

图 5.9　所有空穴传输分子的表面静电势图

5.4　本章小结与展望

本章通过在两个空穴传输分子 DT1 和 DT2 结构中引入共轭核来代替 FDT 的螺核，通过理论详细地研究了共轭核对所有分子的几何结构、电子性质和空穴传输性质的影响。从研究的结果来看，空穴传输分子 DT2、DT1 和 FDT 的 HOMO 值分别为 −5.23 eV、−5.21 eV 和 −5.15 eV。随着分子共轭程度的增加，HOMO 能级不断加深，这将有利于促进钙钛矿太阳能电池获得更高的开路电压。当共轭核取代螺核时，空穴传输分子二聚体之间更有效的面对面堆叠促使它们之间具有较大的 π–π 堆叠和较短的质心距，从而使空穴传输分子获得较大的分子间电子耦合。正是由于它们更大的电子耦合，DT1（1.63×10^{-3} $cm^2\cdot V^{-1}\cdot s^{-1}$）和 DT2（$2.73\times10^{-2}$ $cm^2\cdot V^{-1}\cdot s^{-1}$）

的空穴迁移率均高于 FDT（$1.25 \times 10^{-4}\ cm^2 \cdot V^{-1} \cdot s^{-1}$），同时随着分子共轭性的增强，空穴迁移率逐渐增大。综合考虑合适的 HOMO 能级和更高的空穴迁移率，DT1 和 DT2 这两种引入共轭核的空穴传输材料很可能代替 FDT 运用在钙钛矿太阳能电池中。本书的工作为今后在实验上设计并合成优良的共轭小分子空穴传输材料、提高钙钛矿太阳能电池能量转化效率提供了关键的信息。

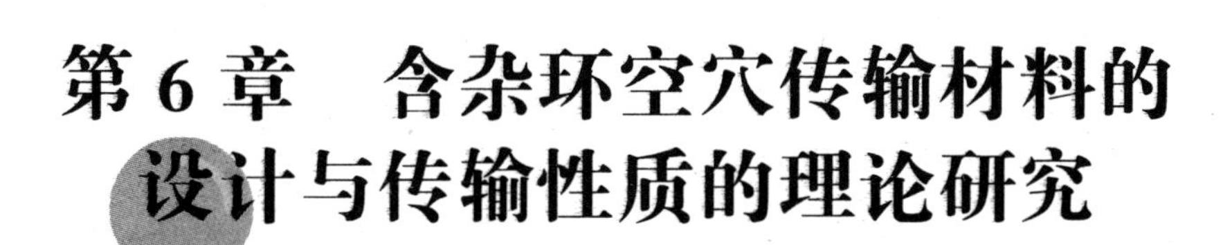

第 6 章　含杂环空穴传输材料的设计与传输性质的理论研究

6.1 概　　述

目前，研究者使用有机－无机金属卤化物钙钛矿作为光吸收剂，获得了高效的钙钛矿太阳能电池（PSCs）。有机－无机金属卤化物钙钛矿，特别是甲基氨基碘化铅（$CH_3NH_3PbI_3$），由于其优异的迁移率与吸收性能，一直是制备钙钛矿太阳能电池较受青睐的吸光材料[65-66, 71, 91, 205-209]。随着钙钛矿太阳能电池研究的不断发展，能量转换效率（PCE）得到了快速提高，目前已超过22%[210-211]。典型的钙钛矿太阳能电池基本结构包括透明电极、电子传输材料（ETM）、钙钛矿吸收层（$CH_3NH_3PbI_3$）、空穴传输材料（HTM）和金属对电极。其中，空穴传输材料的各种性能是影响钙钛矿太阳能电池性能的重要因素之一[212-213]。改进的空穴传输材料可以减少空穴收集电极中电荷的复合和电荷传输过程中的电荷损失，从而提高钙钛矿太阳能电池的开路电压[181]。作为目前应用较广泛的空穴传输材料，2,2′,7,7′-四[*N*,*N*-二（4-甲氧基苯基）氨基]-9,9′-螺二芴（Spiro-OMe TAD）在钙钛矿太阳能电池中的应用使能量转换效率超过20%[79-82]。然而，由于空穴迁移率低、合成步骤烦琐和纯化工艺成本高，Spiro-OMe TAD的进一步推广较为困难[83, 185]。因此，为了得到更高的功率转换效率，研究人员一直在努力寻找更高效、更经济的空穴传输材料来取代Spiro-OMe TAD。

一个优秀的空穴传输材料需要满足以下条件：具有适当的前线分子轨道能量（HOMO和LUMO）良好的空穴传输和电荷收集能力。有学者已经合成了一系列有机小分子空穴传输材料，如三苯胺（TPA）[214-216]、芘[217]、咔唑[218]、甲氧基二苯胺取代的咔唑衍生物[219-220]等。其中，三苯胺基团由于具有较高的空穴传输迁移率、合适的电离电势、良好的溶解性和稳定性而被用作空穴传输分子的核心或支链。例如，以三苯胺基团作为支链的2′,7′-双[双(4-甲氧基苯基)氨基]螺[环戊二烯[2,1-*b*:3,4-*b*′]二噻吩-4,9′-芴]（FDT）可使钙钛矿太阳能电池能量转换效率达到20.2%[86]。最近,Krishna等人合成了一种新型空穴传输材料4,4′-(5,5-二己基-5氢-二苯并[*b*, *d*]硅氧烷-3, 7-二基)二[(*N*, *N*-双(4-甲氧基苯基)]苯胺（S101），其结构由富电子的硅芴核和两个三苯胺分支组成[89]。硅芴的平面结构有利于分子内π-电子离域和π-π堆积，从而提高载流子迁移率[221]。由硅芴核和三苯胺基的组合形成的S101的能量转换效率高达11%，这比其他含有硅原子的空穴传输材料更具竞争力。此外，另一种新的空穴传输分子4,4′-(呋喃-2,5-二基)双[*N*,*N*-双(4-甲氧基苯基)-苯胺]（F101）的合成也具有代表性，该分子含有一个电子呋喃环核心和两个三苯胺基团[222]。呋喃环的平面结构可以产生更紧密的分子间π-π堆积，这有助于增加载流子的寿命和增强空穴传输。此外，呋喃基团中氧原子的小尺寸使负载钙钛矿的介孔二氧化钛层有更好的孔填充。然而，由于分子结构中较小的π-共轭体系，S101和F101的π-π堆积仍然较弱。一般情况下，大的π-共轭体系和富电子杂环的结合能够使分子间有更紧密的π-π堆积，这可以提高空穴传输材料的空穴迁移率。因此，增强两个空穴传输分子之间π-π堆积的方法之一是在芳胺作为支链的条件下引入平面富电子基团[223]。

为了增加整个分子的π-共轭延长系统，并且考虑到S101分子结构平面性好、载流子迁移率高的特点，本书以富电子硅芴核心的S101空穴传输分子为基础，借助呋喃基团能够使空穴传输分子形成较好的分子间堆叠模型的优势，在硅芴核心中不仅引入两个呋喃基团，还进一步分别引入同主族的芳香杂环基团（噻吩、硒吩），形成新的空穴传输分子S–O、S–S、S–Se（图6.1）。本书先采用密度泛函理论（DFT）系统地研究了这三个新的空穴传输材料中氧族芳香杂环基团对其几何结构和电子性质的影响，然后通过预测的晶体结构来识别两个空穴传输分子间载流子跳跃路径[224]，最后运用Marcus理论和Einstein[225-227]关系式在新的计算方法下探讨了氧族芳香杂环对空穴传输性质的影响。从计算的结果来看，S–O（−5.39 eV）、S–S（−5.37 eV）和S–Se（−5.37 eV）的HOMO能级低于S101（−5.35 eV），更低的HOMO能级表明引入氧族芳香杂环基团的空穴传输材料有利于提高钙钛矿太阳能电池的开路电压。引入氧族芳香杂环的三个空穴传输分子具有很好的分子结构平面性，从而促使二聚体之间形成了更有效的面对面π–π堆叠模型。同时，由于采用三苯胺基团为侧链，分子之间的相互作用更有效。这种面对面堆叠模型和有效的分子间相互作用促使空穴传输材料获得更大的分子间电子耦合。由于更大的分子间电子耦合，S–O（9.26×10^{-3} $cm^2 \cdot V^{-1} \cdot s^{-1}$）、S–S（$8.83 \times 10^{-3}$ $cm^2 \cdot V^{-1} \cdot s^{-1}$）和S–Se（$8.33 \times 10^{-4}$ $cm^2 \cdot V^{-1} \cdot s^{-1}$）的最大空穴迁移率比S101（$1.63 \times 10^{-5}$ $cm^2 \cdot V^{-1} \cdot s^{-1}$）更高。更重要的是，随着氧族芳香杂环原子序数的递增，它们的空穴迁移率呈现逐渐递减的规律。这就说明氧族芳香杂环基团引入硅芴核中可以增强空穴传输材料的空穴传输性能，同时呈现明显的规律性。本书的工作不仅为改善空穴传输材料提供了新的指导，还有助于开发钙钛矿太阳能电池中更高效的硅芴类空穴传输材料。

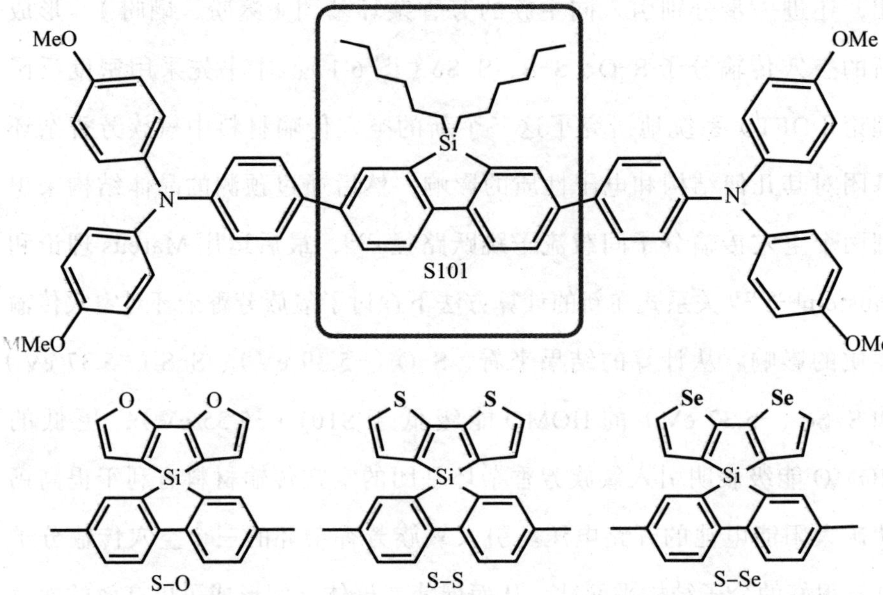

图 6.1　空穴传输分子 S101 分子结构及 S-O、S-S、S-Se 的分子设计

6.2　详细计算

本章所有单个空穴传输分子的电子结构的计算是在高斯（Gaussian）09 软件中进行的[153]。为了找到合适的最高占据分子轨道（HOMO）能量，采用常见的几种泛函和基组组合，如 BMK/6-31G**、PBE0/6-31G** 和 B3LYP/6-31G** 等一系列方法对模型分子 S101 的基态（S_0）几何结构进行了优化，计算结果见表 6.1 所列。计算结果显示，在 BMK/6-31G**、PBE0/6-31G** 和 B3LYP/6-31G** 方法下计算出的 S101 的 HOMO 轨道能量分别为 −5.35 eV、−4.92 eV 和 −4.69 eV。在 BMK/6-31G** 方法下，参考分子 S101 的 HOMO 轨道能量（−5.35 eV）与实验值（−5.32 eV）非常接近[89]。随后，本章在振动分析的基础上确

定了优化后的结构为最小能量点。因此，所有单个空穴传输分子也在这个理论水平（BMK/6-31G**）上得到了优化。此外，所有空穴传输分子的紫外－可见（UV-Vis）吸收光谱在优化几何形状的基础上用 BMK/6-31+G** 方法计算，计算结果见表 6.2 所列。为了使计算溶剂环境与实验环境相符，所有优化几何结构和模拟光谱的计算都在二氯甲烷溶剂中进行，并在计算时考虑了类导体极化连续体模式（C-PCM）[157]。电荷差分密度能够检验分子中的电荷分离效率，因此运用 Multwfn 2.5[156] 软件分析所有分子的电荷差分密度，使用 DctViaCube[116] 程序计算电荷交换的分数和电荷转移的距离。

表6.1　采用BMK/6-31G**方法计算所有空穴传输分子的前线轨道能（HOMO和LUMO）和能隙值（HOMO-LUMO）

空穴传输分子	ε_{HOMO} /eV	ε_{LUMO} /eV	$\Delta\varepsilon$ /eV
S101	−5.35（−5.32[a]）	−2.04	3.31
S-O	−5.39	−2.11	3.28
S-S	−5.37	−2.11	3.26
S-Se	−5.37	−2.11	3.26

注：a 代表实验数据来源于参考文献 [89]。

表6.2　在BMK/6-31+G** 方法下氯苯溶剂环境中计算得到的实验分子S101的光谱性质

优化分子结构的不同方法	最大吸收波长 /nm	激发能 /eV
参照值	381.0	2.86
BMK/6-31+G**	374.7	3.03

续表

优化分子结构的不同方法	最大吸收波长 /nm	激发能 /eV
BMK/6-31G**	367.6	3.37
B3LYP/6-31G**	434.9	2.85
PBE0/6-31G**	414.9	2.99
M06/6-31G**	411.6	3.01

对于空穴迁移率的计算，基于 S101、S-O、S-S 和 S-Se 的优化单个空穴传输分子结构，使用 Materials Studio（MS）软件包预测晶体结构[186]。对于所有研究的空穴传输材料，研究者在能量优化力场和普通力场中对四个公共空间组（P_{-1}、P_{21}、P_{212121} 和 $P_{21\text{-}C}$）进行了多晶型预测计算。在普通力场中成功预测总能量最低的 S101 最稳定的单晶结构属于 P_{21} 空间群。超晶胞是基于最稳定的单晶结构构建的，选择其中一个基础堆叠层作为电荷跳跃路径，生成相邻分子的分子间跳跃路径，然后使用 MS 程序中的可视化工具直接测量一个二聚体的两个分子之间的质心到质心的距离（r_i）。中心分子和相邻分子之间的二聚体分别被表征为平行二聚体 P 和横向二聚体 T。根据 Amsterdam Density Functional（ADF）程序中选择的二聚体，用 PW91/SZ、PW91/TZP 和 PW91/TZ2P 方法计算分子间的电子耦合。在通用力场中，通过 PW91/TZP 能级计算的 S101（1.63×10^{-5} cm^2·V^{-1}·s^{-1}）的空穴迁移率比其他方法更接近实验结果（7.20×10^{-5} cm^2·V^{-1}·s^{-1}）。因此，所有空穴传输分子的二聚体的电子耦合计算都是在 PW91/TZP 水平上进行的。

6.3　结果与讨论

6.3.1　基态分子几何结构与电子性质

基于空穴传输分子 S101，将富电子硅芴核上的两个烷基链替换为两个氧族芳香杂环（呋喃环、噻吩环和硒吩环），形成三个新的空穴传输分子 S-O、S-S、S-Se，分子结构如图 6.1 所示，优化好的分子结构正面视图与侧面视图如图 6.2 所示。与烷基链相比，杂环配位体具有更高的共轭性和更小的空间位阻。因此，新分子具有比 S101 更大的 π- 扩展共轭体系。因此，与 S101 相比，引入杂环使分子结构中心核部分出现了比实验分子更小的扭转，因此空穴传输分子 S-O、S-S、S-Se 具有更好的分子结构平面性。更好的分子结构平面性和更大的 π- 扩展共轭体系可以促进分子中 π 电子的离域以确保在 π-π 堆叠方向上有更高的载流子迁移率。

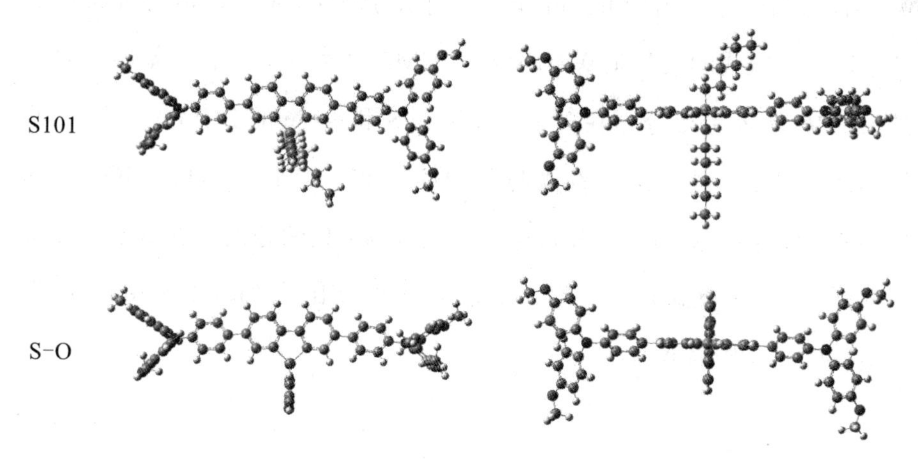

图 6.2　采用 BMK/6-31G** 方法优化的所有空穴传输分子结构

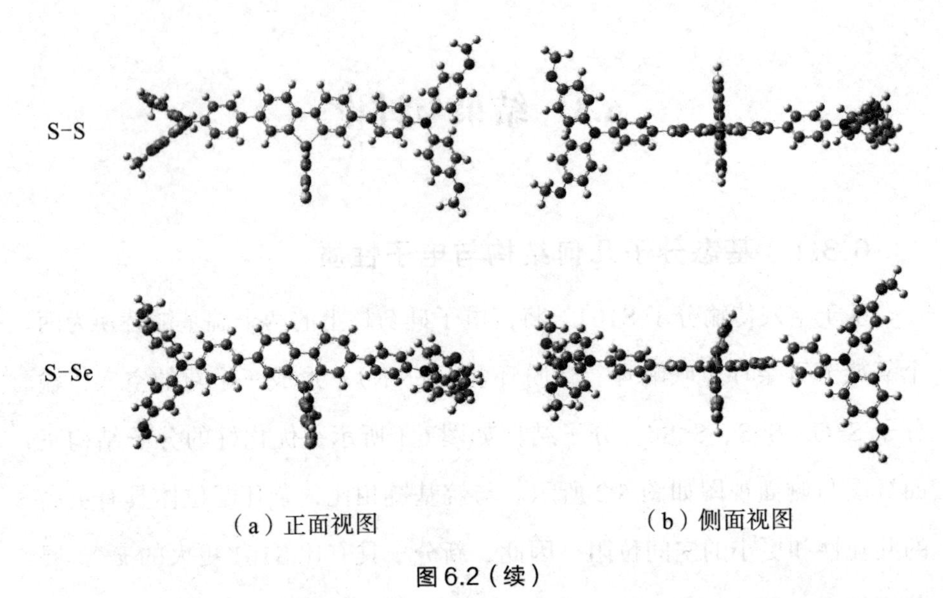

图 6.2（续）

在大多数 π- 共轭低聚物中，前线分子轨道（FMO）的离域分布通常可以使载流子快速地转移[187]。为了找到空穴传输材料前线分子轨道与空穴传输性质之间的关系，本书计算了所有分子的最高占据轨道（HOMO）和最低空轨道能量。图 6.3 展示了所有空穴传输分子的前线分子轨道的分布。由图 6.3 可知，所有分子的 HOMO 轨道的分布主要位于甲氧基取代的三苯胺基团部分。LUMO 轨道的分布有所差异，S101 的 LUMO 轨道主要分布在硅芴核上，S-S 和 S-Se 的 LUMO 由于 π- 共轭体系的影响，主要分布在噻吩和硒烯环上。此外，S-O 的 HOMO 和 LUMO 中存在轻微的轨道分布重叠，这可以形成快速的中性激子并支持空穴传输[188]。也就是说，空穴传输分子 S-O 比 S101、S-S 和 S-Se 具有更好的空穴传输能力。

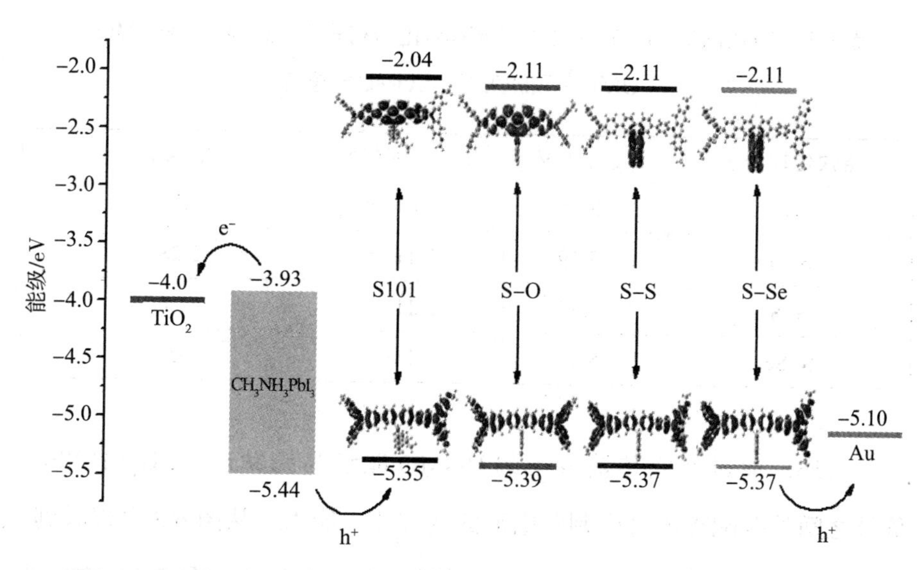

图 6.3　所有空穴传输分子的前线分子轨道（HOMO 和 LUMO）分布和能级图

另外，从图 6.3 中的 $TiO_2/CH_3NH_3PbI_3$/HTM/Au 的能级图对比中发现，引入氧族芳香杂环的空穴传输分子 S-O、S-S、S-Se 的 HOMO 能级分别为 -5.39 eV、-5.37 eV 和 -5.37 eV，它们都比实验分子 S101 具有更低的 HOMO 能级。由于更低的 HOMO 能级，引入杂环的空穴传输材料运用在钙钛矿太阳能电池可能获得更高的开路电压。

同时，钙钛矿太阳能电池的开路电压取决于二氧化钛的准费米能级与空穴传输材料 HOMO 能级之间的差异 [225]，较低的 HOMO 能级可以使钙钛矿太阳能电池获得较高的开路电压。因此，拥有合适的 HOMO 能级对于空穴传输材料是非常有必要的。实验分子 S101 在 BMK/6-31G** 方法计算得到的 HOMO 能量（-5.35 eV）与实验值（-5.32 eV）更接近。所研究的空穴传输分子都是用此方法进行结构优化，实验结果较为可靠，它们的 HOMO 能级见表 6.3 所列。

表6.3 在BMK/6-31G**方法中计算得到的所有分子轨道能级（HOMO、LUMO）和HOMO-LUMO能隙值

空穴传输分子	ε_{HOMO} /eV	ε_{LUMO} /eV	$\Delta\varepsilon$ /eV
S101	−5.35	−2.04	3.31
S-O	−5.39	−2.11	3.28
S-S	−5.37	−2.11	3.26
S-Se	−5.37	−2.11	3.26

此外，通过空穴传输分子的 HOMO 能级与钙钛矿（$CH_3NH_3PbI_3$）价带之间的匹配程度可以判断电池的空穴注入能力。从图 6.3 可以看到，引入杂环的空穴传输分子的 HOMO 能级与 $CH_3NH_3PbI_3$（−5.43 eV）的价带的匹配度良好 [189]，这样能够确保来自钙钛矿吸收层中的空穴有效地注入空穴传输层中。同时，为了阻止电子从钙钛矿吸收层向金属电极的传输，空穴传输分子的 LUMO 能级应高于钙钛矿（$CH_3NH_3PbI_3$）的导带（−3.93 eV）。下面通过 LUMO=HOMO+E（E 为分子的第一激发能）公式对所有空穴传输分子的 LUMO 能级计算进行计算 [224]，发现通过 S101、S-O、S-S 和 S-Se 得到的 LUMO 能级分别为 −2.04 eV、−2.11 eV、−2.11 eV 和 −2.11 eV，它们的 LUMO 能级远高于 $CH_3NH_3PbI_3$ 的导带（−3.93 eV）。因此，这些新设计的空穴传输分子可以有效地阻止电子的回流。

6.3.2 光谱吸收与电子转移性质

实验分子 S101 的合成过程和循环伏安测量是在二氯甲烷溶剂中进行的，因此本书选择二氯甲烷溶剂进行吸收光谱计算。所有空穴传输分子在二氯甲烷溶剂中的紫外 - 可见（UV-Vis）吸收光谱模拟如图 6.4 所示。

由图 6.4 可知，引入氧族杂环的空穴传输分子与实验分子在 380 nm 左右表现出相似的最大吸收峰（λ_{max}），这个吸收范围主要来自 π-共轭体系的 π → π* 电子跃迁。相比实验分子，尽管引入杂环的分子在最大吸收波长处表现出稍小的吸收强度，但是它们在 300 ～ 350 nm 获得了额外的吸收峰。因此，本书推测引入杂环的空穴传输分子与实验分子具有相当的光谱吸收，这些空穴传输分子的光谱吸收更进一步提高了电池的光电转化效率。

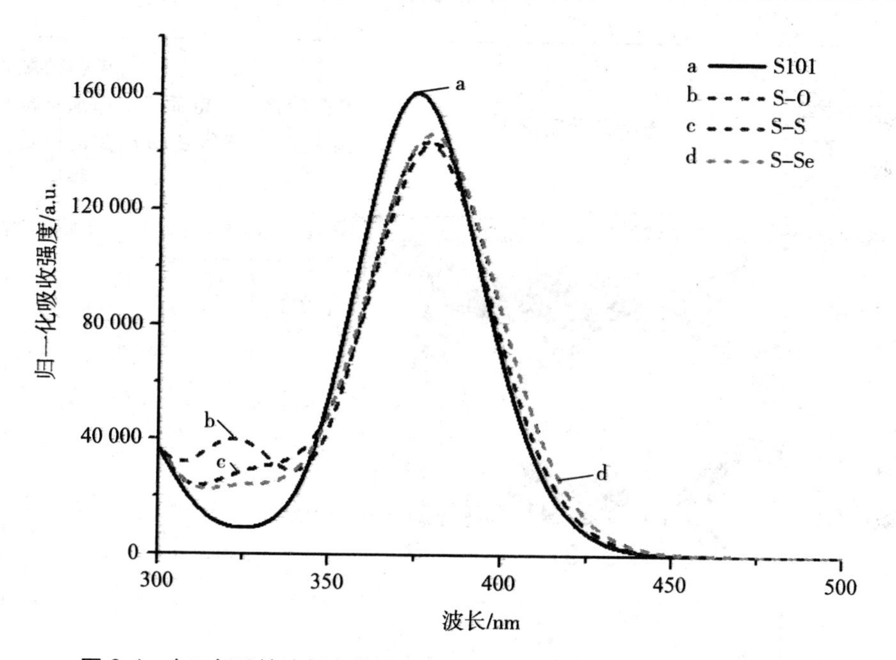

图 6.4　在二氯甲烷溶剂中模拟所有空穴传输分子的紫外 - 可见光谱吸收

为了研究所有空穴传输分子的电荷转移性质，本书计算了所有空穴传输材料的电荷密度差分图 [212, 228-229]。相关参数如电荷转移距离（L）、电荷转移量（Δe）以及电荷密度增加与减少区域的重叠度（Ω）列于表 6.4 中。电荷密度减少区域主要集中在分子的两个三苯胺基团上，而电荷密度增加区域主要分布在烷基硅芴核和杂环上。一般情况下，较长的电荷转移距离、较高的电荷转移量和少量的重叠可以提高分子的电荷分离效率。尽管 S-Se 的电荷转移量（0.799 9 eV）略小于其他三种分子，但它获得了更长的电荷转移距离（1.524 Å）和更少的重叠度（0.583 6）。这就意味着引入硒吩环可以提高分子的电荷分离效率，这可以减少分子中的空穴收集和电极中的电荷复合，从而增大整个钙钛矿太阳能电池的开路电压。

表6.4　在二氯甲烷溶剂中采用BMK/6-31G**方法模拟空穴传输分子基态到激发态（$S_0 \rightarrow S_1$）的电荷转移性质

空穴传输分子	电荷差分密度图	电荷转移距离 /Å	电荷转移量 /eV	电荷密度增加与减少的重叠程度
S101	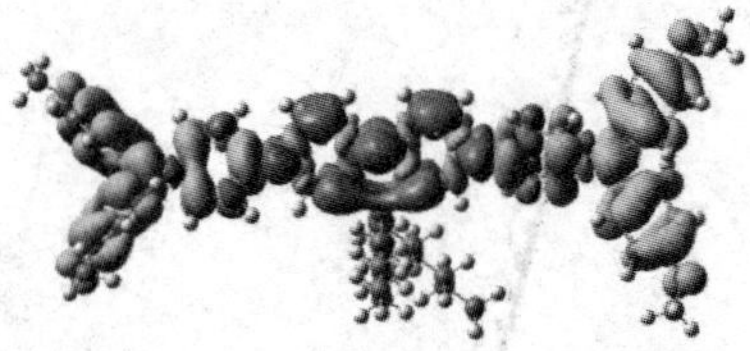	1.207	0.984	0.642
S-O	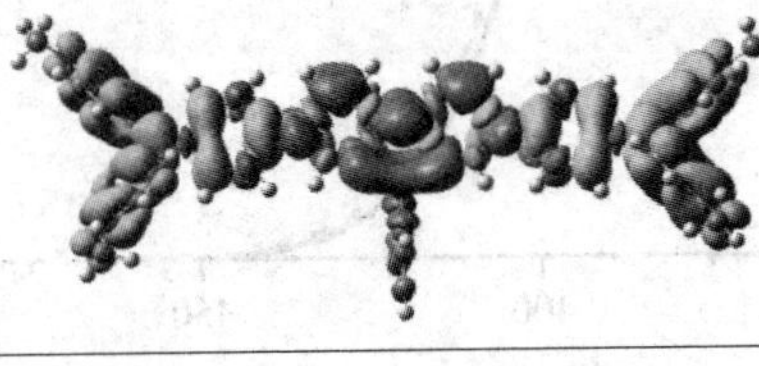	1.133	1.024 2	0.601 2
S-S	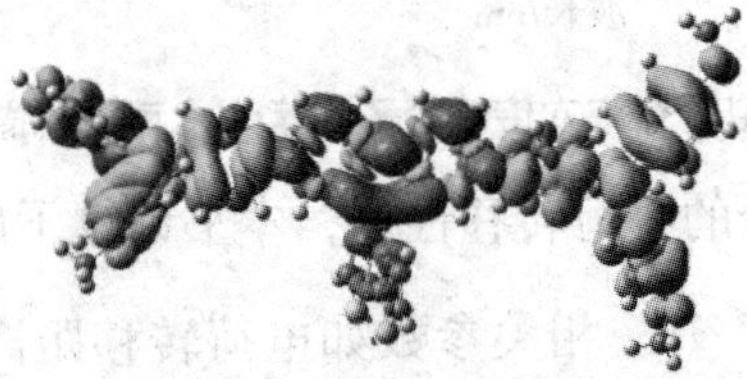	0.571	1.030 2	0.670 9
S-Se	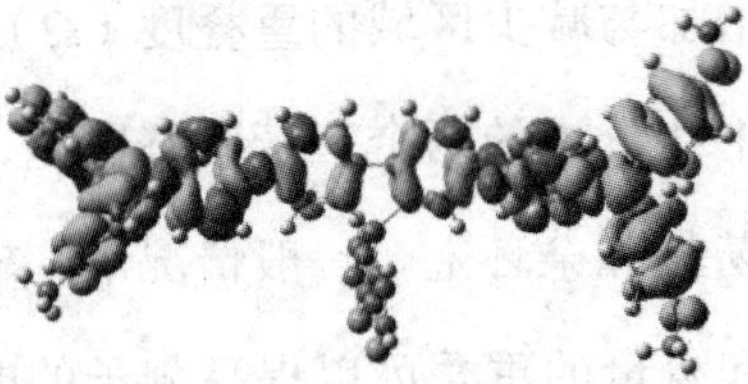	1.524	0.799 9	0.583 6

6.3.3　空穴传输性质

钙钛矿太阳能电池中的空穴传输能力主要通过空穴传输材料的空穴迁移率（μ）来表征，空穴迁移率的主要计算参数为重组能（λ）和分子间电子耦合（V）。通常，较低的重组能和较大的分子间电子耦合可以使分子获得较大的空穴迁移率，从而确保空穴传输分子获得较快的空穴传输。前面已经说过，分子的重组能包含内重组能（λ_{in}）和外重组能（λ_{out}）两部分，对于大多数有机分子来说，内重组能占主导地位，外重组能通常被忽略（$\lambda=\lambda_{in}$）[227]。因此，本书只考虑内部的重组能量[190-191]，采用BMK/6-31G** 方法计算所有空穴传输分子的中性和阳离子状态下的最优几何结构，计算参数见表 6.5 所列。由表 6.5 可知，S101、S-O、S-S和 S-Se 的重组能分别为 0.143 eV、0.144 eV、0.143 eV 和 0.148 eV，这些分子的重组能非常接近，差别仅在小数点第三位，可以初步表明这些空穴传输材料具有良好的空穴传输能力。

表6.5　所有空穴传输分子的重组能

空穴传输分子	S101	S-O	S-S	S-Se
重组能 /eV	0.143	0.144	0.143	0.148

分子间电子耦合取决于发生相互作用空穴传输分子间的相对位置[227]和前线分子轨道（HOMO 和 LUMO）的分布模式。在计算分子的电子耦合时，必须找出它们相邻分子的相对位置。而相邻分子的相对位置受到其分子晶体结构的高度影响。计算分子间电子耦合时，必须考虑到它们最稳定的晶体结构。由于实验分子 S101 和新的空穴传输分子

S–O、S–S 和 S–Se 的晶体结构未被报道出来，因此本书使用 MS 软件对它们进行晶体预测。针对实验分子 S101，分别在能量优化力场中通过 PW91/SZ 法和 PW91/TZP 法，以及在普通力场中通过 PW91/TZP 法和 PW91/TZ2P 法进行分子晶体预测，结果见表 6.6 所列。从晶体结构预测（图 6.5）的结果来看，在普通力场运用 PW91/TZP 法得到的晶体结构能量最低，属于 P_{21} 空间点群。将此最稳定晶体结构建立超胞（a=3，b=2，c=3），选择质心在一个晶面上（a–c 面）的所有分子形成不同的空穴传输路径。以 a–c 面中心的分子为空穴传输的中心，与周围分子间形成四条不同类型的空穴传输路径 P、T_1、T_2、T_3。其中，P 表示平行二聚体之间的传输路径，T 表示横向二聚体之间的传输路径。这四条路径与整个晶面上的主传输通道之间形成的夹角分别为 θ_P、θ_{T1}、θ_{T2} 和 θ_{T3}，主传输通道相对于参考轴（晶轴）之间的夹角为 Φ。针对每一条空穴传输路径，将形成的二聚体提取出来，通过 ADF 软件[120] 中的二聚体片段分析直接计算相邻分子之间的电子耦合。根据重组能、分子间电子耦合（V，eV）以及各个角度（θ，°）和质心距（r_i，Å）之间的关系计算出最终的空穴迁移率，当 Φ 处于某个值时获得最大空穴迁移率（μ_Φ）。从计算的结果来看，在普通力场中通过 PW91/TZP 方法获得的晶体结构最终得到的最大空穴迁移率（μ_Φ）为 1.626×10^{-5} cm^2 · V^{-1} · s^{-1}，与实验值（7.20×10^{-5} cm^2 · V^{-1} · s^{-1}）更为接近，达到了同一个数量级，详细数据见表 6.7 所列。这就证明在此种力场和方法下对预测出的晶体结构进行的空穴迁移率计算是可靠的。因此，将三个引入芳香杂环的空穴传输分子在同样的力场和方法下进行晶体结构预测，并找出空穴传输路径，计算它们的空穴迁移率。

表6.6　在能量优化力场和普通力场中分子晶体预测能量最低空间群

分子	空间群	总能量 / (kcal · mol^{-1})	分子	空间群	总能量 / (kcal · mol^{-1})
S101	P_{-1}	135.459	S-O	P_{-1}	184.802
	P_{21}	83.394		P_{21}	180.292
	$P_{21\text{-}C}$	139.976		$P_{21\text{-}C}$	181.119
	P_{212121}	138.670		P_{212121}	183.184
S-S	P_{-1}	132.709	S-Se	P_{-1}	124.858
	P_{21}	137.020		P_{21}	122.340
	$P_{21\text{-}C}$	142.308		$P_{21\text{-}C}$	124.187
	P_{212121}	135.207		P_{212121}	126.980

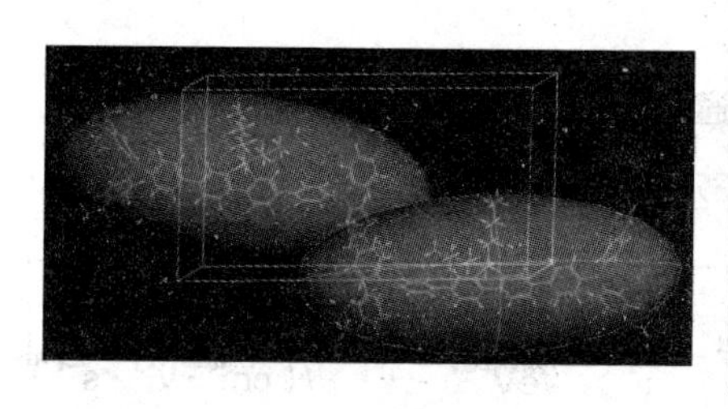
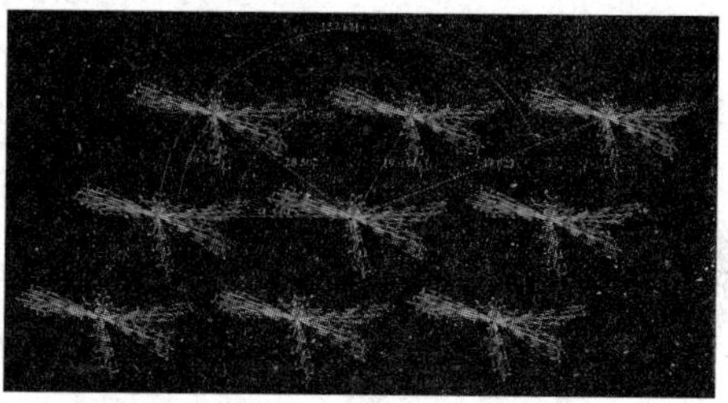

（a）S101（P_{21} 空间群）

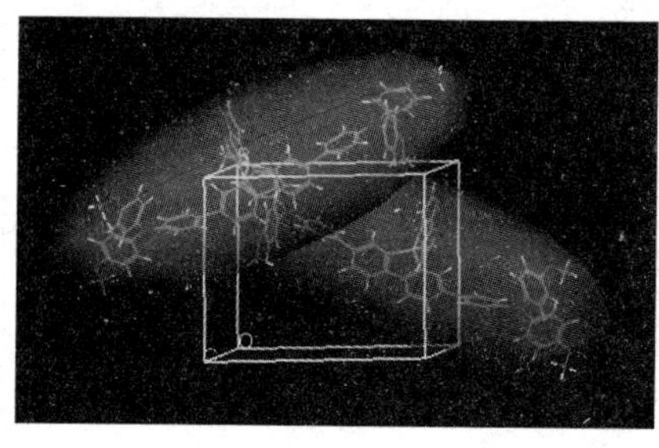
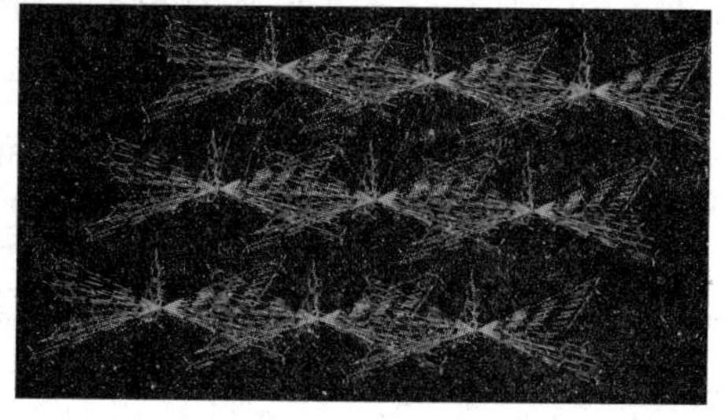

（b）S-O（P_{21} 空间群）

图6.5　S101、S-O、S-S 和 S-Se 最低能量下的晶体结构（左）及推测电子耦合路径之间的夹角和质心距（右）

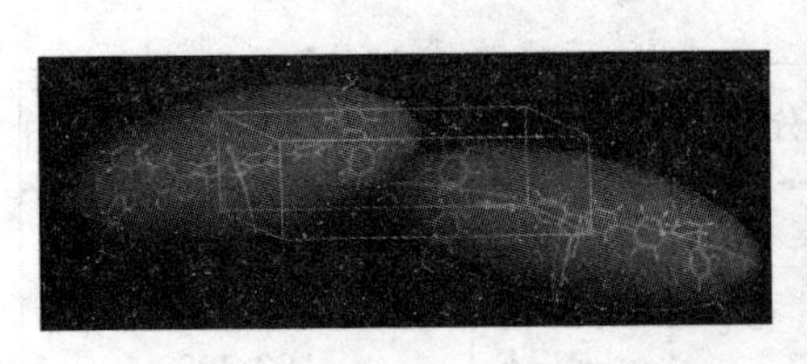

（c）S-S（P_{-1} 空间群）

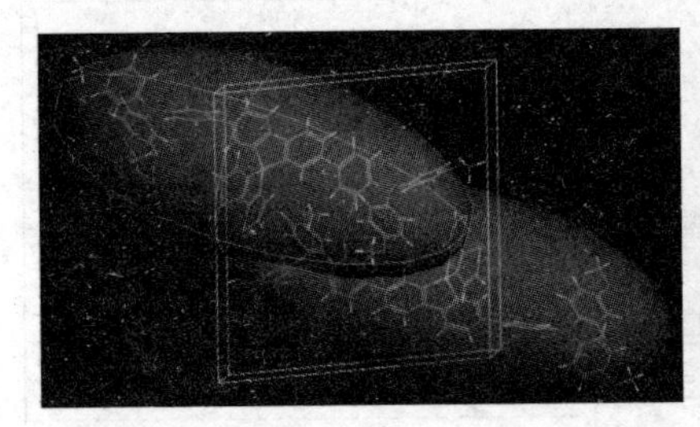
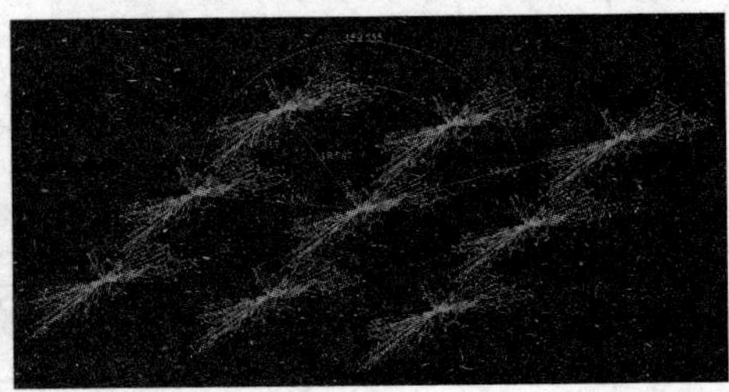

（d）S-Se（P_{21} 空间群）

图 6.5（续）

表6.7　采用不同方法在能量优化力场和普通力场中计算实验空穴传输分子S101的电子耦合及空穴迁移率

力场	方法	路径	质心距 /Å	θ	电子耦合 /eV	Φ	空穴迁移率 /($cm^2 \cdot v^{-1} \cdot s^{-1}$)
能量优化力场	PW91/TZP	P	11.876	0°	-9.690×10^{-4}	0°	2.834×10^{-3}
		T_1	18.587	42.386°	-1.000×10^{-5}		
		T_2	12.666	81.589°	-7.041×10^{-5}		
		T_3	16.046	128.658°	0		

续表

力场	方法	路径	质心距/Å	θ	电子耦合/eV	Φ	空穴迁移率/($cm^2 \cdot v^{-1} \cdot s^{-1}$)
能量优化力场	PW91/SZ	P	11.876	0°	-9.800×10^{-4}	0°	2.905×10^{-3}
		T_1	18.587	42.386°	0		
		T_2	12.666	81.589°	-2.000×10^{-5}		
		T_3	16.046	128.658°	0		
普通力场	PW91/TZP	P	32.313	0°	2.773×10^{-5}	0°	1.626×10^{-5}
		T_1	28.502	36.515°	0		
		T_2	19.034	117.000°	0		
		T_3	43.622	157.121°	0		
	PW91/TZ2P	P	32.313	0°	2.576×10^{-5}	88°	1.490×10^{-5}
		T_1	28.502	36.515°	0		
		T_2	19.034	117.000°	0		
		T_3	43.622	157.121°	0		

注：Φ 表示方位角。

之前的研究中发现分子间的堆叠模型会影响空穴传输分子的电子耦合。大多数半导体材料的堆积通常是部分结晶或以多晶的堆积三种形式存在，在单晶、部分结晶或多晶的二聚体中总是存在三种不同的堆叠模式：头对头堆叠、面对面堆叠和人字形堆叠。如图 6.6 所示，所有二聚体都具有三种堆叠模型：头对头堆叠、面对面堆叠、分开交叉堆叠。其中，头对头堆叠模型有效地增加了分子间的相互接触；面对面堆叠模型有效地增加了二聚体之间的 π-π 堆叠（图 6.7）；分开交叉堆叠既不利于二聚体之间的 π-π 堆叠，也不利于分子间的相互作用。有效的 π-π 堆叠和相互接触能够增加分子间的电子耦合 [224, 230]。因此，想要获得较大的电子耦合，就必须考虑分子间的堆叠模型和它们之间的相互接触。在这四个空穴传输分子的堆叠模型中，S101 和 S-O 分子中的 P 路径属于头对头堆叠模型，T_2 路径属于面对面堆叠模型；S-S 中的 T_1 路径属于头对头堆叠模型，T_2 路径属于面对面堆叠模型；S-Se 中的 T_2 路径属于头对头堆叠模型，P 路径属于面对面堆叠模型。从计算结果来看，所有二聚体中头对头堆叠模型皆获得最大电子耦合，S101、S-O、S-S 和 S-Se 的最大电子耦合分别为 2.773×10^{-5} eV（P 路径）、-1.08×10^{-3} eV（P 路径）、-8.21×10^{-4} eV（T_1 路径）和 3.46×10^{-5} eV（T_2 路径）。这些空穴传输材料中分子间的相互接触成为影响电子耦合的主导因素。相比于实验分子 S101，引入氧族杂环的所有空穴传输分子获得了更大的电子耦合。这意味着在空穴传输材料中引入氧族杂环能够增强分子间的相互作用，从而增加电子耦合，最终增强分子的空穴传输能力。此外，引入杂环的空穴传输分子的最大电子耦合呈现出明显的规律，它们的电子耦合随着杂环原子序数的递增而递增（S-O > S-S > S-Se）。

由分析可知，实验分子 S101 由于其较长的烷基链而表现出较弱的面对面 π-π 堆叠，从而导致分子平面性差和二聚体间的质心距较长。S101 二聚体之间具有较小的电子耦合，因此其空穴传输能力较低。所有设计的分子由于引入杂环而增强了分子的共轭性和平面性，获得了明显的 π-π 的堆叠模式。例如，由于引入了呋喃环，S-O 比 S101 具有更有效的面对面堆叠和更大的电子耦合。类似地，S-S 和 S-Se 也具有更强的电子耦合。然而，硒烯环中硒原子的尺寸较大，这使分子结构有所扭曲，S-Se 的电子耦合比 S-O 和 S-S 弱。每个空穴传输分子二聚体间的质心距（r_i，Å）、电子耦合（V，eV）、电子跃迁速率（k_{ij}，s^{-1}）以及空穴迁移率（μ_{Φ}，$cm^2 \cdot V^{-1} \cdot s^{-1}$）列于表 6.8 中。由表 6.8 可知，S101、S-Se、S-S 和 S-O 的电子耦合计算值分别为 2.773×10^{-5} eV、3.46×10^{-5} eV、-8.21×10^{-4} eV 和 -1.08×10^{-3} eV。这表明二聚体的有效 π-π 堆叠是增加空穴传输分子电子耦合的重要因素。

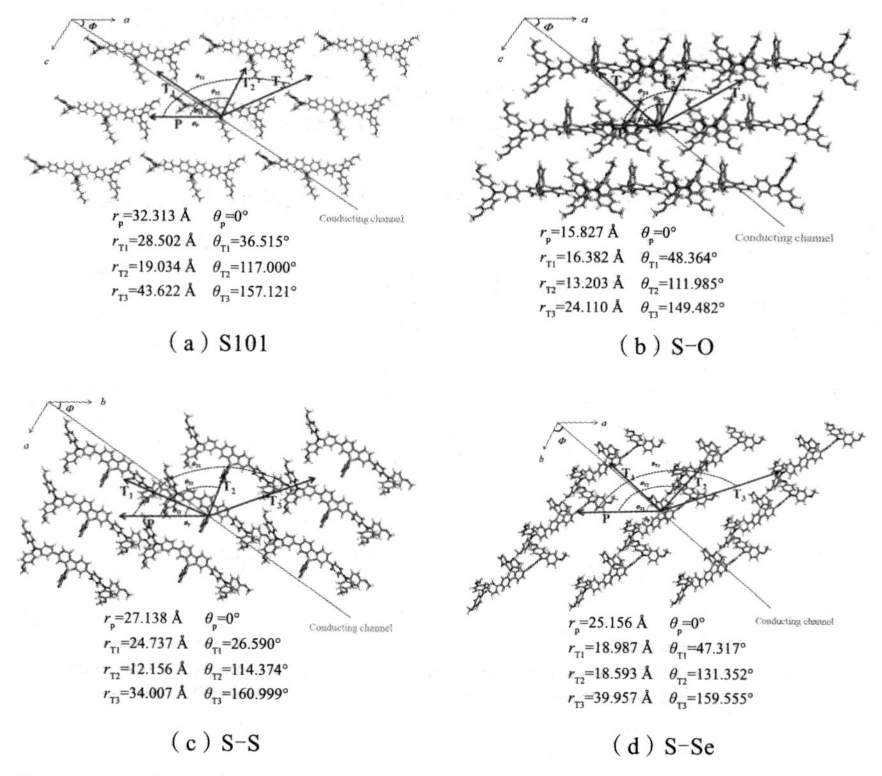

（a）S101　　（b）S-O

（c）S-S　　（d）S-Se

图 6.6　所有空穴传输分子的主要堆叠模型、空穴传输路径与参考轴间的夹角和质心距

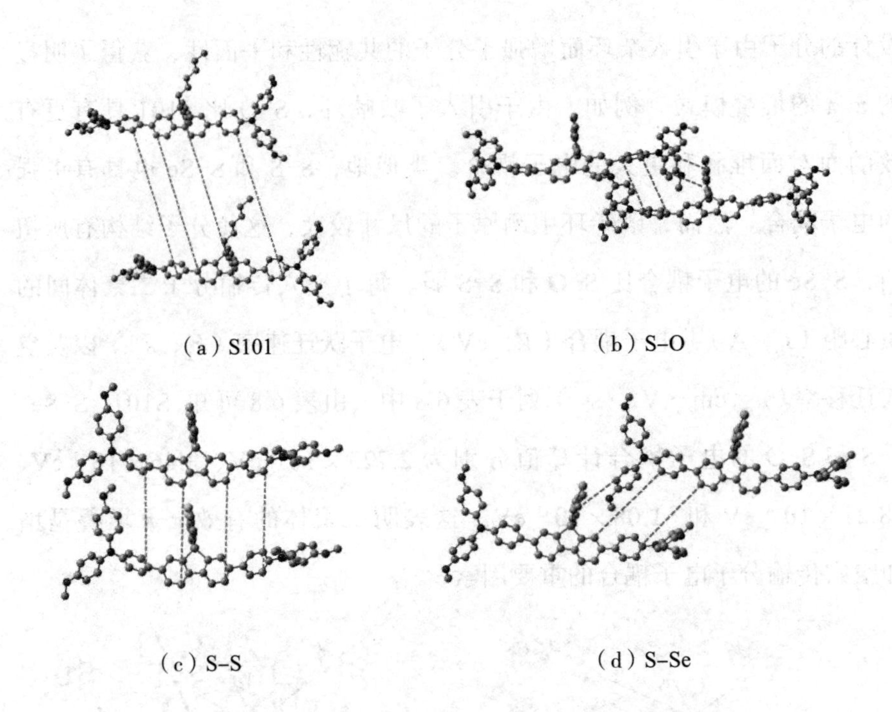

图6.7　所有分子二聚体中的 π-π 堆叠模型

表6.8　所有分子的质心距、电子耦合、电子跃迁速率、空穴迁移率

空穴传输分子	路径	质心距 /Å	电子耦合 /eV	电子跃迁速率 /s^{-1}	Φ	空穴迁移率 /($cm^2 \cdot V^{-1} \cdot s^{-1}$)
实验值	—	—	—	—	—	7.20×10^{-5}
S101	P	31.35	2.773×10^{-5}	8.56×10^{6}	0.00°	1.63×10^{-5}
	T_1	28.50	0	0		
	T_2	19.03	0	0		
	T_3	43.62	0	0		

续表

空穴传输分子	路径	质心距 /Å	电子耦合 /eV	电子跃迁速率 /s^{-1}	Φ	空穴迁移率 /($cm^2 \cdot V^{-1} \cdot s^{-1}$)
S-Se	P	25.156	1.00×10^{-5}	1.04×10^{6}	131.00°	8.33×10^{-4}
	T_1	18.987	0	0		
	T_2	18.593	3.46×10^{-4}	1.25×10^{9}		
	T_3	39.957	0	0		
S-S	P	27.14	0	0	27.00°	8.83×10^{-3}
	T_1	24.74	-8.21×10^{-4}	7.49×10^{9}		
	T_2	12.16	-4.83×10^{-5}	2.59×10^{7}		
	T_3	34.01	0	0		
S-O	P	15.83	-1.08×10^{-3}	1.27×10^{10}	159.00°	9.26×10^{-3}
	T_1	16.38	-2.00×10^{-5}	4.39×10^{6}		
	T_2	13.20	9.15×10^{-5}	9.17×10^{7}		
	T_3	24.11	1.06×10^{-3}	1.22×10^{10}		

较大的电子耦合促使这些空穴传输材料获得了良好的空穴传输性能。本书根据马库斯理论和爱因斯坦关系式计算出了所有空穴传输材料的电荷跃迁速率和空穴迁移率。其中，S101、S-O、S-S 和 S-Se 的最大电子跃迁速率分别为 $8.56\times10^{6}\ s^{-1}$、$1.27\times10^{10}\ s^{-1}$、$7.49\times10^{9}\ s^{-1}$ 和 $1.25\times10^{9}\ s^{-1}$，它们的最大空穴迁移率（μ_{Φ}）分别为 $1.63\times10^{-5}\ cm^2\cdot V^{-1}\cdot s^{-1}$、$9.26\times10^{-3}\ cm^2\cdot V^{-1}\cdot s^{-1}$、$8.83\times10^{-3}\ cm^2\cdot V^{-1}\cdot s^{-1}$

和 8.33×10^{-4} $cm^2\cdot V^{-1}\cdot s^{-1}$。可以发现，空穴迁移率的大小顺序与二聚体之间的电子耦合和电荷跃迁速率的变化趋势一致。同时，随着杂环原子序数的递增，最大空穴迁移率也呈递增的趋势。从以上讨论结果可知，较大的电子耦合很大程度上增加了 S-O、S-S 和 S-Se 的空穴迁移率。因此，与 S101 相比，S-O、S-S 和 S-Se 具有更好的空穴传输能力，且随着杂环原子序数递增，空穴传输能力增强。此外，本书不仅在此理论方法下计算出了每个空穴传输材料的最大空穴迁移率（μ_Φ），还研究了空穴迁移率的各向异性，计算了 Φ 角从 0° 到 360° 的所有空穴迁移率，结果如图 6.8 所示。由图 6.8 可知，S101、S-O、S-S 和 S-Se 在 Φ 角分别为 0°、159°、27° 和 131° 时获得最大空穴迁移率（μ_Φ）。综合考虑每个空穴传输分子的空穴传输性能，本书推测引入氧族杂环的空穴传输材料可以提高整个钙钛矿太阳能电池的能量转化效率，尤其是引入的杂环为呋喃基团时能使电池的能量转化效率达到最佳。

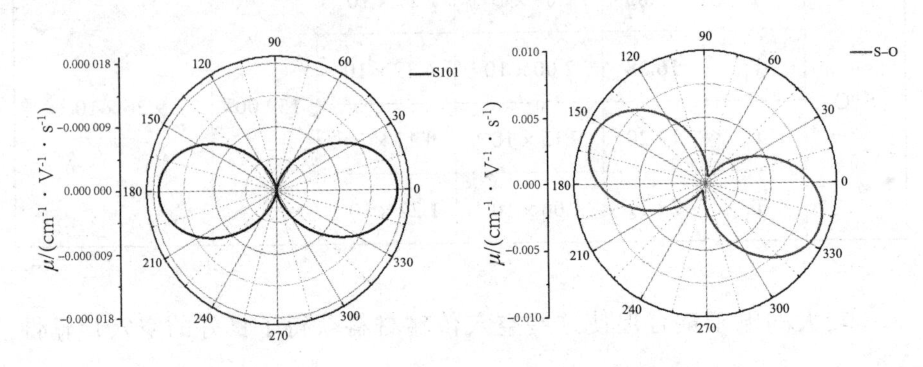

图 6.8　所有空穴传输分子空穴迁移率的各向异性曲线

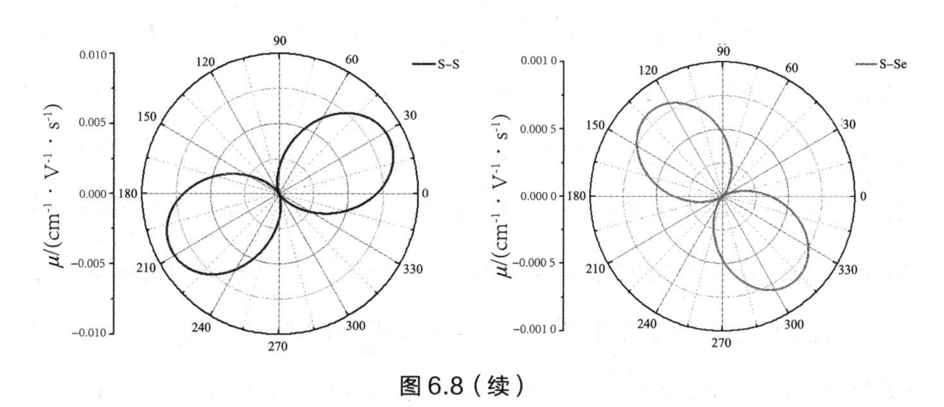

图 6.8（续）

注：数值中的负号代表方向相反。

6.3.4　稳定性与溶解性

通常，空穴传输材料在富含湿度和氧的环境下具有较好的氧化还原稳定性。表面静电势（ESP）图中的正电荷与负电荷分布可以评估空穴传输分子的稳定性 [203]，所有空穴传输分子的静电势图如图 6.9 所示。图中透明区域表示中性电荷区域，深色和浅色分别表示负电荷区域和正电荷区域。空穴传输分子上的负电荷越多，结构越容易被氧化，分子稳定性越差 [227]。由图 6.9 可知，所有分子的正电荷区域主要集中在二苯胺的氮原子和核的环上。由于引入了杂原子，S-O、S-S 和 S-Se 分子结构中的杂环上增加了正电荷分布。因此，S-O、S-S 和 S-Se 这三个引入氧族杂环的空穴传输分子具有更好的稳定性。它们的稳定性可以通过绝对硬度（η）来评估 [156, 198-200, 226]。此外，空穴传输分子的绝对硬度越大，材料的稳定性越好。本书通过 η=（IP_a-EA_a）/2 这个公式对所有空穴传输分子的绝对硬度进行计算（其中，IP_a 表示绝热电离势，EA_a 表示绝热电子亲和能）[201]，相应的值统计在表 6.9 中。由表 6.9 可知，S101、S-O、

S-S 和 S-Se 的绝对硬度分别为 2.89 eV、2.96 eV、2.99 eV 和 2.97 eV。当引入杂环之后，空穴传输分子的绝对硬度比实验分子略微增加，这意味着它们表现出更好的稳定性。电离势和电子亲和能与空穴和电子的注入能垒有关。从表 6.9 可以看到三个新的空穴传输分子具有更大的电离势，这有利于空穴注入半导体的空轨道中。电离势和电子亲和力与空穴注入电极或虚拟轨道和电子克服势垒的能力有关 [202, 231]，S-O（5.59 eV）、S-S（5.59 eV）和 S-Se（5.58 eV）的电离势大于 S101（5.56 eV），这表明空穴可以有效地注入半导体的空轨道。此外，本书讨论了所有空穴传输材料的疏水性，它可以用 $\log P_{\mathrm{octanol/Water}}$ 的值来描述 [232-233]。S101、S-O、S-S 和 S-Se 的 $\log P_{\mathrm{octanol/Water}}$ 分别为 15.40、10.99、12.49 和 11.26。S101 的 $\log P_{\mathrm{octanol/Water}}$ 比所有设计的空穴传输材料都大，表明其具有更好的疏水性，有利于提高 $CH_3NH_3PbI_3$ 在环境中的耐水性。

除了稳定性，空穴传输材料在钙钛矿太阳能电池中的应用还应考虑溶解度，因为良好的溶解性可以降低加工成本。溶解度可通过溶剂化自由能（ΔG_{solv}）估算 [232]，即用 $\Delta G_{\mathrm{solv}}=G_{\mathrm{sol}}-G_{\mathrm{gas}}$ 方程来计算溶剂化自由能，相关数据见表 6.9 所列。由此推测，所有分子的溶剂化自由能都为负值，因此所有分子的溶解过程都是自发的。S101、S-O、S-S 和 S-Se 的溶剂化自由能分别为 -47.15 kcal/mol、-44.66 kcal/mol、-45.44 kcal/mol 和 -44.82 kcal/mol，表明设计分子具有良好的溶解性，能够提高空穴传输材料单位面积的空穴传输能力。

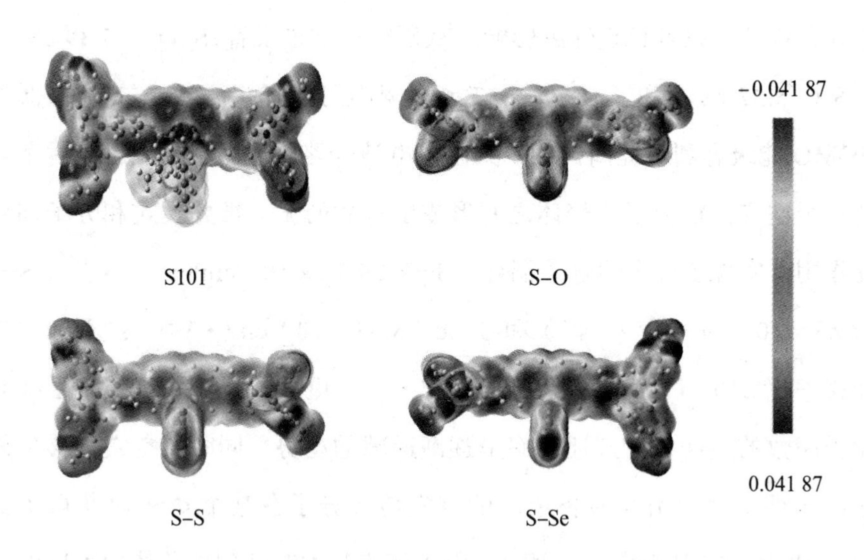

图 6.9　表面静电势图

表6.9　所有分子的绝对硬度、溶剂化自由能计算值

空穴传输分子	IP_a /eV	EA_a /eV	绝对硬度 /eV	溶剂化自由能 / (kcal · mol^{-1})
S101	5.56	-0.22	2.89	-47.15
S-O	5.59	-0.33	2.96	-44.66
S-S	5.59	-0.38	2.99	-45.44
S-Se	5.58	-0.37	2.97	-44.82

6.4　本章小结与展望

总的来说，本章以实验空穴传输材料 S101 为基础，在硅芴核中分别引入两个氧族芳香杂环，形成 S-O、S-S、S-Se 三个新的空穴传输分子。通过理论详细地研究氧族芳香杂环对所有分子的几何结构、电子性质、

空穴传输性质以及稳定性的影响。从研究的结果来看，S-O（-5.39 eV）、S-S（-5.37 eV）和 S-Se（-5.37 eV）相比于 S101（-5.35 eV）更低的 HOMO 能级有利于提高钙钛矿太阳能电池开路电压。引入氧族芳香杂环的三个空穴传输分子二聚体之间形成了有效的 π-π 堆叠模式和分子间相互作用，实现了更大的电子耦合。S-O（$9.26\times10^{-3}\ cm^2\cdot V^{-1}\cdot s^{-1}$）、S-S（$8.83\times10^{-3}\ cm^2\cdot V^{-1}\cdot s^{-1}$）和 S-Se（$8.33\times10^{-4}\ cm^2\cdot V^{-1}\cdot s^{-1}$）的空穴迁移率比 S101（$1.63\times10^{-5}\ cm^2\cdot V^{-1}\cdot s^{-1}$）更高，并随着氧族芳香杂环原子序数的递增，空穴迁移率呈逐渐递减的趋势。同时，空穴迁移率的各向异性也表明引入芳香杂环的空穴传输分子在某个 Φ 角时获得了比 S101 更大的空穴迁移率。因此，引入氧族芳香杂环到硅芴核中可以增强空穴传输材料的空穴传输性能。本章对改善空穴传输材料的空穴传输性质有指导意义，为高效钙钛矿太阳能电池中硅芴类空穴传输材料的研究提供了基础。

第 7 章　氢键对电子传输材料载流子迁移性质的影响

7.1 概　　述

电子传输材料（ETM）通常运用到钙钛矿太阳能电池（PSCs）[234-237]、有机太阳能电池（OPV）[238-240] 以及有机发光二极管（OLED）[241-242] 等有机电子器件中，是器件电子传输的重要元件。具有较高的电子迁移率和较好的可见光透明度的电子传输材料可以改善光伏器件的光电转换性能[243]。较高的电子迁移率有利于载流子在电子传输层（ETL）有效地分离并提高电荷传输效率；较好的可见光透明度可以使得可见光整体穿透薄膜，从而提高光吸收层的光吸收效率。电子传输材料可以分为无机电子传输材料和有机电子传输材料。根据大部分研究者的分子设计研究经验，提高电子传输材料电子迁移率的一般策略是扩展电子传输分子的 π-共轭链。然而，这一结构上的改变将减少光学间隙并引入大量的可见光吸收。因此，直到目前，研究者还是很难开发出一种既具有高效电子迁移率又具有良好透明性较好的高效电子传输材料。

为了在不延长电子传输分子的 π-共轭长度的情况下增加电子迁移率，可以使薄膜中的分子对齐，增加电子传输材料在电子传输方向上的转移积分。有机电子器件的电子传输膜基板中需要两个分子平面之间的面对面堆叠模式平行排列[183, 244-245]。Nakamura 等人用一种新型小有机分子 Tris-TrPIH 作为电子传输材料候选物，该分子由连接到三嗪骨架核心的三个邻苯二甲酰亚胺部分组成[246]。在分子薄膜中，一个电子传输分子的两个酰亚胺基团与另一个相邻分子的酰亚胺基团形成二维氢键网络，有利于提高分子的平面性，并在固态中诱导择优取向。然而，较小的电子迁移率（1.3×10^{-6} $cm^2 \cdot V^{-1} \cdot s^{-1}$）限制了它们作为电子传输材料的进一步应用。最近，Zheng 等人研究了一种新的电子传输材料 β-BNPhen，它有高电子迁移率（7.8×10^{-4} $cm^2 \cdot V^{-1} \cdot s^{-1}$）。在菲咯啉骨架的 β- 位置战略性地引入了两个萘环，实现了更高的热稳定性并增加了芳香族的 π- 电子离域 [101]。然而，在实践中，电子传输分子的无序不利于在薄膜中形成线状分子。

为了提高电子传输分子的电子迁移率、光照射透明度和制备薄膜室的晶体有序度，本书利用 Tris-TrPIH 分子薄膜的优点，即刚性平面性有助于形成 β-BNPhen 的密集 π-π 堆叠和形成二维氢键网络来研究氢键对电子传输材料载流子迁移性质的影响。密集的 π-π 堆积有利于电子传输，二维氢键网络有利于提高电子的传输效率。在前者对 β-BNPhen 实验研究的基础上，通过在 1，10- 菲咯啉骨架核的 α、β 和 γ 位连接邻苯二甲酰亚胺和萘酰亚胺基团，本书设计了一套新的电子传输材料：α-BNPI、γ-BNPI、α-BNPP、β-BNPP 和 γ-BNPP。本书主要通过密度泛函理论（DFT）和 Marcus 理论研究分子间氢键和 π-π 堆叠对其几何结构、电子性质、光谱性质和电子输运性质的影响。这些新的电子传输分子比 β-BNPhen 更有可能成为候选分子，因为它们具有优异的电子传输特性、透明度和溶解性。这些电子传输分子的吸收最大值（λ_{max}）保持在近紫外光（UV）区域附近，并且光学间隙约为 3.6 eV，这表明它们制备的薄膜具有较高的可见光透明度。值得注意的是，在对所有电子传输材料的研究过程中，由于分子堆叠模型中的分子间氢键和三维 π-π 堆叠基序，所有新的电子传输分子模拟出的电子迁移率都比 β-BNPhen 高出 3 ～ 4 个数量级。在如此高的电子迁移率的作用下，这些新设计的电子传输材料比实验分子具有更好的电子传输性能。此外，邻苯二甲酰亚胺或萘酰亚胺基团的取代效果在很大程度上取决于其所在位置，与 α 和 β 位相比，酰亚胺在电子传输分子邻苯二甲酰亚胺或萘酰亚胺基团中的 γ 位更有利于电子传输，电子迁移率更高。本书为高效电子传输材料的结构与性能研究提供了基础，希望将来这类新设计的电子传输材料能够被合成并应用于有机电子器件中。

7.2　详 细 计 算

为了找到合适的前线分子轨道（HOMO 和 LUMO 能级），对于实验电子传输分子 β-BNPhen，本书选择不同的杂化泛函和基组对其基态（S_0）几何结构进行优化，主要方法包括 B3LYP/6-31G**、PBE0/6-31G**、PBE0/6-31+G**、M06/6-31G**、BMK/6-31G**、BMK/6-31+G**，不同方法计算的结果见表 7.1 所列。与其他方法相比，在 PBE0/6-31+G** 方法下，计算的最高占据轨道（HOMO）能量为 −6.246 eV，与 −6.300 eV 的实验值更为接近[101]；并且通过振动频率分析，计算过程中未出现虚频，证明实验分子的结构处于最小能量点。因此，所有新设计的单个电子传输分子（α-BNPI、γ-BNPI、α-BNPP、β-BNPP 和 γ-BNPP）都在这个理论方法下对其基态结构进行优化。同时，运用 PBE0/6-31G** 结合 TD-PBE0/6-13G** 方法（−2.822 eV）最终计算出了最低空轨道（LUMO）能级量值为 −3.000 eV，这与实验结果非常接近。详细计算结果见表 7.2 所列。

表7.1　采用不同方法模拟甲苯溶剂环境下对β-BNPhen计算出的HOMO和LUMO能量

β-BNPhen	HOMO 轨道能 /eV	LUMO 轨道能 /eV
参照值	-6.300	-3.000
B3LYP/6-31G**	-5.757	-1.998
PBE0/6-31G**	-6.046	-1.950
PBE0/6-31+G**	-6.246	-2.198
M06/6-31G**	-6.042	-1.869
BMK/6-31G**	-6.515	-1.404
BMK/6-31+G**	-6.716	-1.662

表7.2　在PBE0/6-31G**方法中计算得到的所有分子轨道能级（HOMO、LUMO）和HOMO-LUMO能隙值

电子传输分子	E_{HOMO} /eV	E_{LUMO} /eV	ΔE/eV
β-BNPhen	-6.246	-2.822	3.424
α-BNPI	-6.940	-3.308	3.632
γ-BNPI	-6.786	-3.492	3.294
α-BNPP	-6.722	-3.597	3.125
β-BNPP	-6.782	-3.103	3.679
γ-BNPP	-6.584	-3.484	3.100

此外，在 PBE0/6-31G** 方法下，本书模拟了所有单个电子传输分子的紫外 - 可见吸收光谱（UV-Vis），由此评估所有电子传输分子的可见光透明度。以上所有分子电子结构的计算都是基于 Gaussian 09 程序结合密度泛函理论（DFT）和含时密度泛函理论进行模拟的。为了使计

算过程更接近实验环境，以甲苯模拟溶剂环境，并运用类导体极化连续体模型（C-PCM）进行计算[157]。

计算了单个电子传输材料的电子性质以后，模拟计算出它们的电子传输性质相当重要。Marcus 理论公式中需要计算出电子传输材料的重组能和电子耦合，即先根据重组能公式计算出每个电子传输分子的重组能，再计算电子耦合值。

计算电子传输材料的迁移率过程主要分为以下五步。

（1）将优化好的单个分子结构导入 Materials Studio（MS）软件[186]中，选择工具“Modules”中的“Polymorph”模块的“Calculation”选项对所有单个电子传输材料进行晶体结构预测。根据计算经验，本书在晶体结构预测时选择能量优化力场，选择常用的 P_{-1}、P_{21}、P_{212121}、$P_{21\text{-}C}$ 四个空间群进行各类晶型的预测。值得注意的是，在 MS 软件中导入单分子结构时，结构默认全是单键，此时需要手动添加双键或三键。

（2）对预测好的晶体结构进行分析并选择最稳定的一个晶体空间群及结构。此时选择“Polymorph”模块的“Analysis”选项对所有空间群和能量进行分析，选择出最低能量值的一个晶体结构进行下一步模拟。

（3）一般情况下，计算电子迁移率的时候，需要考虑两种电荷传输方式：一种是在超晶胞的二维平面中选择中心分子作为载流子供体，选择相邻的三个分子作为载流子受体，形成横向二聚体 T_1、T_2、T_3 和 T_4 传输路径；另一种是在垂直于超晶胞二维平面的平面上选择面对面二聚体作为载流子供体和受体形成三维 π-π 堆叠的 P 路径。此时就需要对前一步挑选出的晶体结构进行超胞建立。具体操作如下：对挑选出的晶体结构选择工具“Build”中的“Symmetry”选项，再选择“Supercell”选项进行超胞的构建，通常选择对单胞进行 3 × 3 × 3 构建。

（4）将构建好的超胞保留一个传输平面和垂直形成面对面二聚体的一条路径，其余结构删除，这样就得到了可能出现的电子传输路径。然后在 MS 软件中对每个分子结构之间的距离（质心距）和每条传输路径之间的夹角进行测量。

（5）导出每条路径形成的二聚体，在 Gaussian 09 程序中采用 HOMO 分离法计算所有二聚体的电子耦合值。结合前面计算的重组能，最终运用 Marcus 理论公式计算出所有电子传输分子的电子迁移率。计算结果显示，β-BNPhen 的模拟计算电子迁移率为 $6.23\times10^{-4}\ cm^2\cdot V^{-1}\cdot s^{-1}$，与实验值的 $7.8\times10^{-4}\ cm^2\cdot V^{-1}\cdot S^{-1}$ 在同一个数量级，因此这个方法对电子传输材料的迁移率计算是相对可靠的，此计算模型可以相对准确地预测电子传输材料的电子迁移率。对于其他电子传输分子的计算也用了同样的方法。

7.3 结果与讨论

7.3.1 基态分子几何结构与电子性质

电子传输分子的几何构型和电子结构不仅对电子传输分子内的静电势分布有重要影响，而且对确定固相中的堆叠紧密情况和分子间相互作用有重要作用[247]。本书通过将邻苯二甲酰亚胺和萘酰亚胺基团分别连接到 1，10- 菲咯啉骨架核的 α、β 和 γ 位置，设计出了五种新的电子传输材料分子结构：α-BNPI、γ-BNPI、α-BNPP、β-BNPP 和 γ-BNPP。所有研究的电子传输材料分子如图 7.1 所示，其优化结构如图 7.2 所示。由图 7.1 和图 7.2 可知，所有电子传输材料中的菲咯啉骨架核具有较大

的 π-共轭系统，这有利于每个电子传输分子获得更多的 π 电子离域，从而使二聚体中的载流子传输更有效，这对获得较高电子迁移率提供了很好的条件。同时，由图 7.2 可知，所有电子传输分子的中心核部分都具有较高的平面性。从整个分子平面性来看，不同位置的分子平面性也有所差异，除了 α-BNPI 和 β-BNPP 的支链与核心呈现出明显的扭转角之外，其他所有分子结构都呈现较高的平面性。

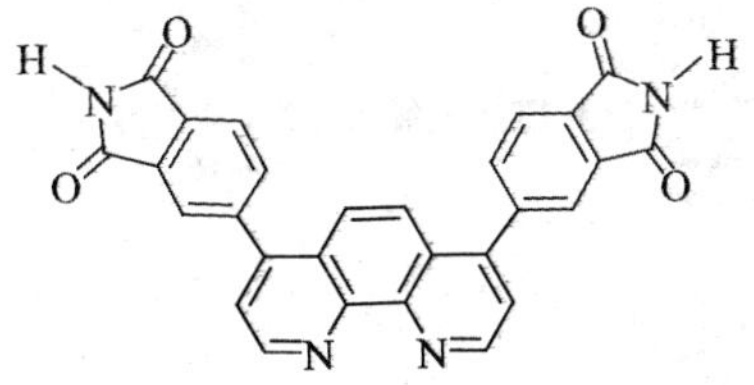

(a) β-BNPI

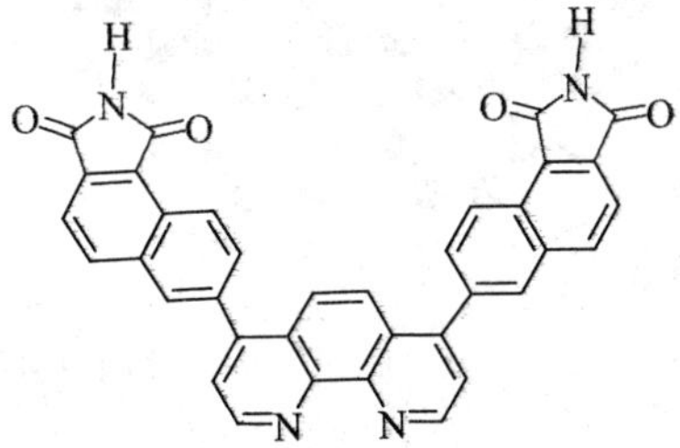

(b) α-BNPP

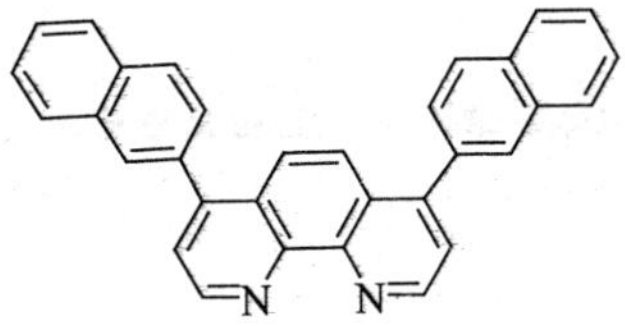

(c) β-BNPhen

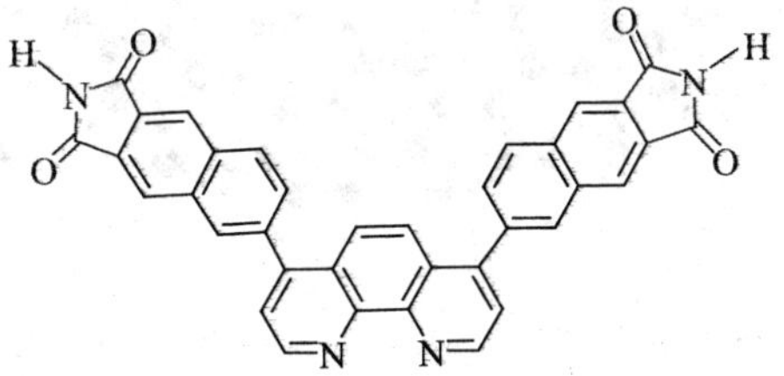

(d) β-BNPP

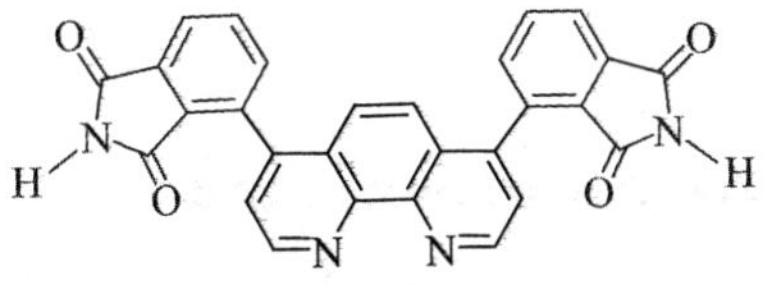

(e) γ-BNPI

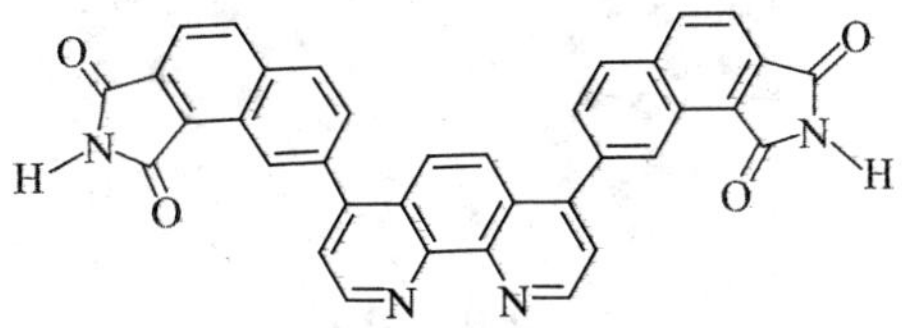

(f) γ-BNPP

图 7.1　电子传输分子 β-BNPhen、α-BNPI、γ-BNPI、α-BNPP、β-BNPP 和 γ-BNPP 的分子结构

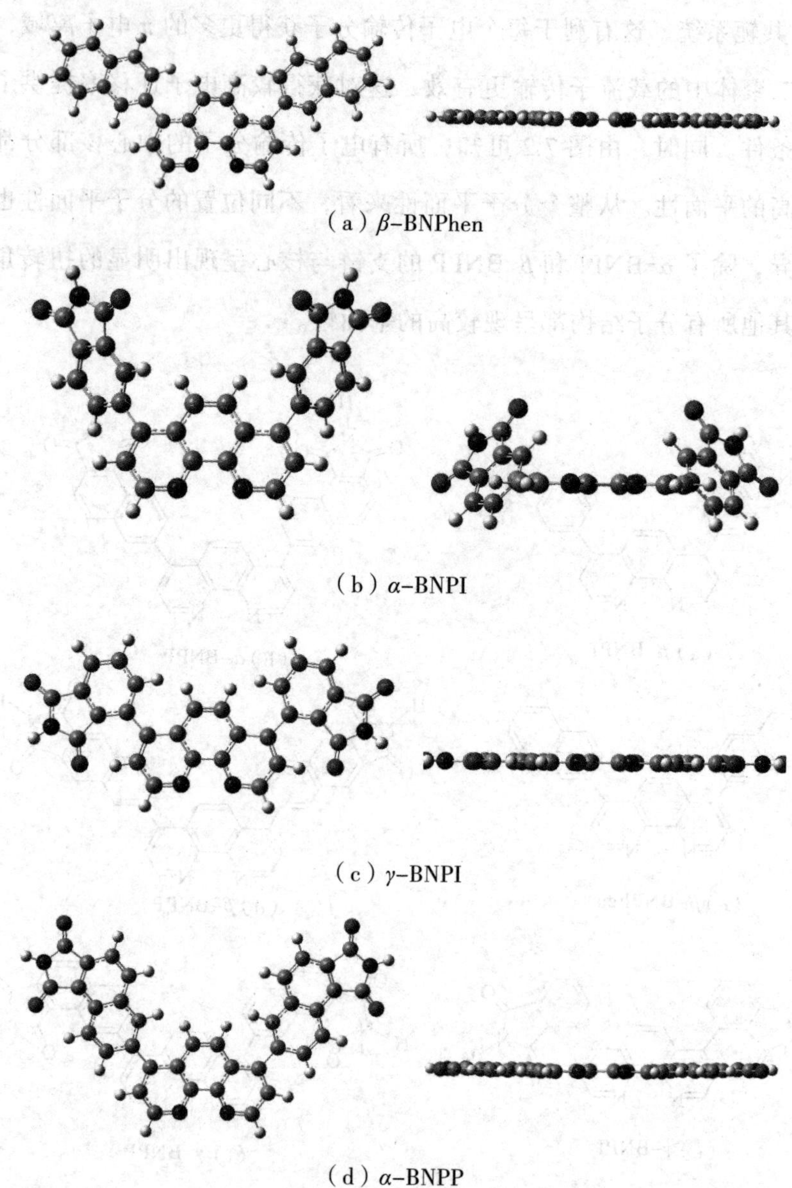

（a）β-BNPhen

（b）α-BNPI

（c）γ-BNPI

（d）α-BNPP

图 7.2　采用 PBE0/6-31+G** 方法优化出的所有电子传输分子结构

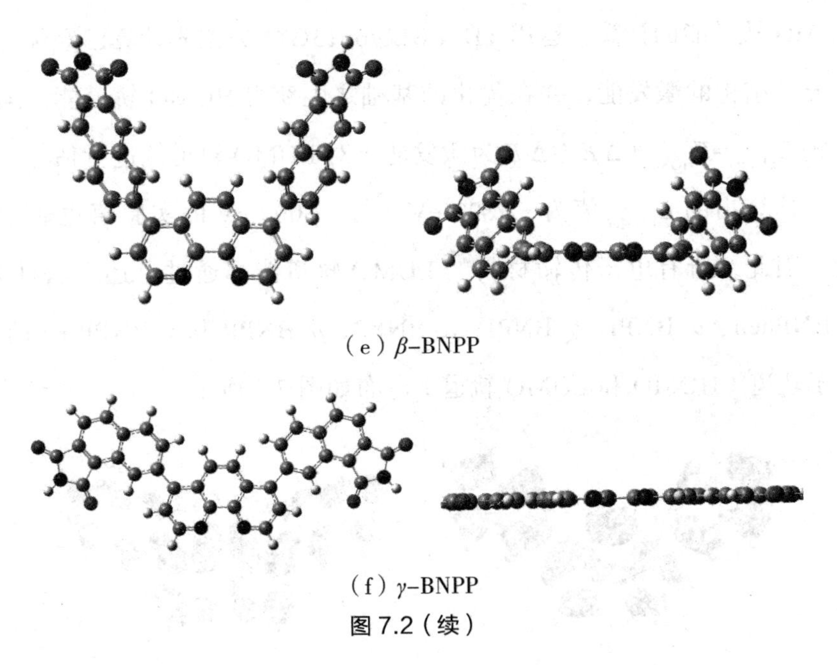

（e）β–BNPP

（f）γ–BNPP

图 7.2（续）

注：左为正面视图，右为侧面视图。

通常，合适的 HOMO 和 LUMO 轨道的离域分布有利于一些 π- 共轭分子结构中电荷的快速转移[248]。并且，通过密度泛函理论（DFT）计算 HOMO 轨道能（E_{HOMO}）和 LUMO 轨道能（E_{LUMO}）时，还要依赖所使用的泛函。因此，本书采用四种常用的泛函（B3LYP、PBE0、BMK 和 M06）结合 6-31G** 或 6-31+G** 基组，从理论上计算了实验分子 β-BNPhen 的 E_{HOMO} 和 E_{LUMO}，并得出与实验值接近的模拟计算值。采用 PBE0 泛函结合 6-31+G** 基组计算出的 E_{HOMO} 值为 -6.246 eV，这与 -6.300 eV 实验值非常接近，误差值仅有 0.054 eV。这也证明 PBE0/6-31+G** 方法计算 HOMO 轨道能量是相对可靠的。因此，同样选择 PBE0/6-31+G** 方法来计算其他设计的电子传输材料（α-BNPI、γ-BNPI、α-BNPP、β-BNPP 和 γ-BNPP）的 HOMO 轨道能量。而对于

LUMO 轨道能的计算，运用 TD-PBE0/6-13G** 方法先计算已经优化好的分子结构的激发能，并在优化的基础之上获得 HOMO 轨道能，运用公式 $E_{LUMO}=E_{HOMO}+\Delta E$（$\Delta E$ 为激发能）对 LUMO 轨道能进行估算。最终，计算出的 E_{LUMO} 值为 -2.822 eV，与 -3.000 eV 的实验值也非常接近。因此，所有电子传输材料的 LUMO 轨道能都通过上述方法计算。β-BNPhen、α-BNPI、γ-BNPI、α-BNPP、β-BNPP 和 γ-BNPP 的前线分子轨道（HOMO 和 LUMO 轨道）分布如图 7.3 所示。

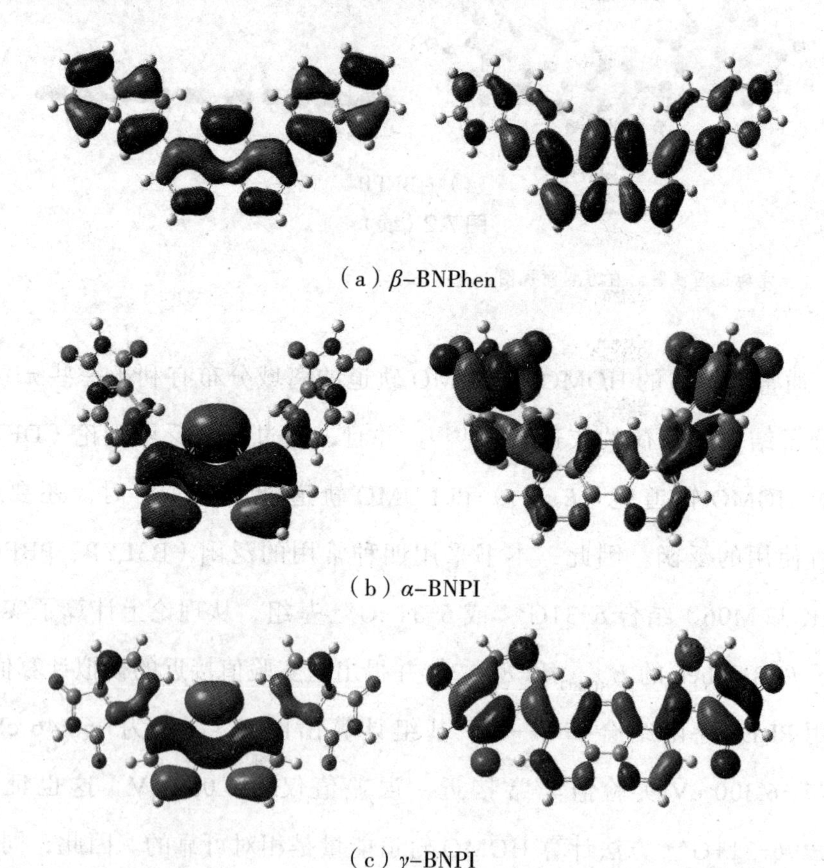

（a）β-BNPhen

（b）α-BNPI

（c）γ-BNPI

图 7.3　采用 PBE0/6-31+G** 方法模拟出的所有电子传输材料的前线分子轨道分布

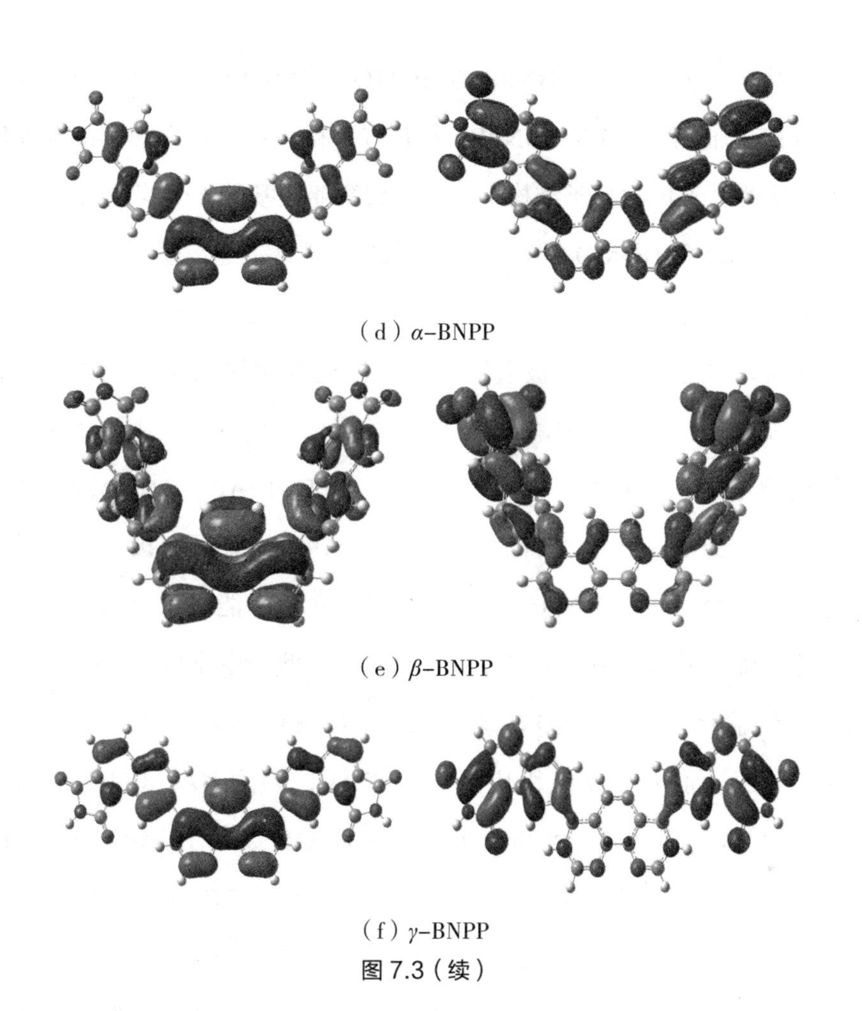

（d）α–BNPP

（e）β–BNPP

（f）γ–BNPP

图 7.3（续）

注：左为 HOMO 能级，右为 LUMO 能级。

电子传输分子的前线分子轨道分布对分子的电子传输性质有一定的影响，由图 7.3 可知，分子 β–BNPhen 的 HOMO 轨道分布分散在整个分子结构上，而 LUMO 轨道分布大部分定位在分子结构的中心核部位，小部分分散在两个萘基团支链上。对于其他设计的几个新分子，HOMO 轨道大部分分布在菲咯啉骨架中心核部位，而 LUMO 轨道主要分布在两条邻苯二甲酰亚胺和萘酰亚胺基团支链上，形成了较好的轨道分离分布。尤其是 α-BNPI 和 γ-BNPP 的 HOMO 轨道与 LUMO 轨道分布几乎完全分离。很明显，在 α-BNPP、β-BNPP 和 γ-BNPP 等取代萘酰亚胺基团的这些电子传输分子结构中，由于萘酰亚胺基的 π-共轭系统轻微地扩展，LUMO 和 HOMO 轨道的分布分离得更加完全，这样的轨道分布有利于电子快速转移。

下面以“有机发光二极管”的器件结构为例讨论这些电子传输材料的能级情况。图 7.4 简单绘制了纯电子器件结构排布，主要结构有铟锡氧化物（ITO）/HAT-CN/ 电子传输层（ETL）/Al[14]。图中虚线边框表示所研究的电子传输材料的能隙情况，Al 作为金属电极，与电子传输层直接接触。电子传输材料中足够低的 HOMO 能级可以阻挡不需要的空穴传输，并且在适当的 LUMO 能级时有助于电子的有效提取。理想电子传输材料的 LUMO 能级应高于 −4.3 eV，因为 Al 的工作函数为 −4.3 eV；而 HOMO 能级应低于 −5.7 eV，因为 HAT-CN 的工作函数是 −5.7 eV。由图 7.4 可知，所有电子传输分子的 HOMO 和 LUMO 能级都满足上述要求，它们的 HOMO 能级低于 −5.7 eV，LUMO 能级为 −3.6 ～ −2.8 eV，且所有新设计的电子传输分子的 E_{LUMO} 都略低于实验分子 β-BNPhen。与邻苯二甲酰亚胺的引入相比，萘酰亚胺基团的引入使 E_{LUMO} 降低，如 β-BNPhen（−2.82 eV）>β-BNPP（−3.10 eV）、α-BNPI（3.31 eV）>α-BNPP（−3.60 eV）。因此，本书推测使用新设计的分子作为电子传输材料的器件比实验中的 β-BNPhen 作为电子传输材料具有更好的电子传输性能。

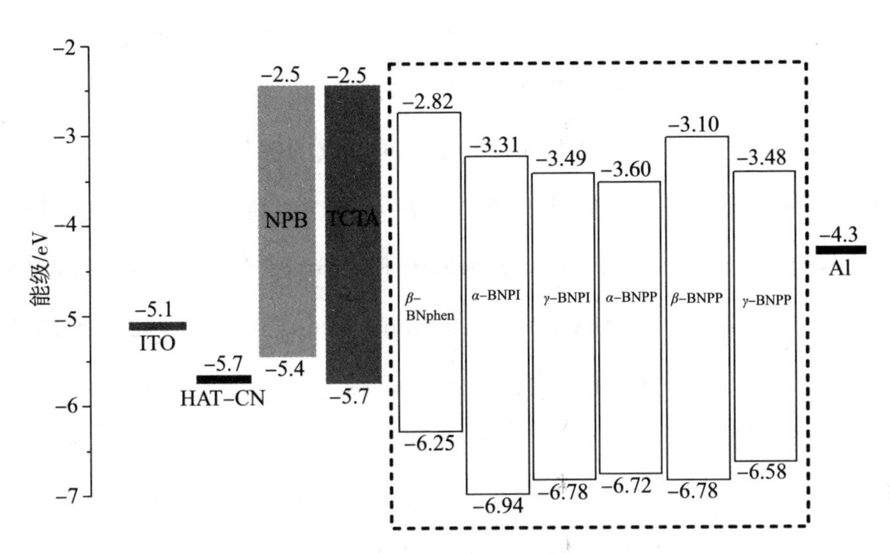

图 7.4　所有电子传输分子的能级图模拟

此外，由于分子顶端引入的邻苯二甲酰亚胺或萘酰亚胺基团中存在额外的氢原子和氧原子，这些设计的电子传输分子可以形成分子间氢键。首先调节两个电子传输分子可能形成氢键的部位，即将一个分子支链顶部的 NH—与另一个分子的 O—靠近至大于氢键的距离，然后将调节好的两个分子导入 Gaussian 09 程序中进行优化。本书计算了每个设计分子的两个相同分子头对头之间形成的两个分子间氢键的相关参数，并以此来研究这些电子传输材料的氢键引起的相互作用能对电子传输性质之间的影响。相互作用能可以通过方程 $E_{\text{interaction}}=E_{AB}-E_A-E_B$ 计算。为了使相互作用能量的计算结果更加可靠，本书进一步考虑了 BSSE 能量的计算（CP 校准）。此时，相互作用能计算方程可以校正为 $E_{\text{interaction}}=E_{AB}+\mathrm{E}_{BSSE}-E_A-E_B$，所有电子传输材料的相互作用能都基于上述公式计算。表 7.3 整理了 α-BNPI、γ-BNPI、α-BNPP、β-BNPP 和 γ-BNPP 的分子间氢键的相互作用能和键长参数。图 7.5 分别导出了优化好的两个分子结构。由表 7.3 和图 7.5 可知，分子间氢键主要受分子顶端基团及其在分子结构中的位置的影响。所有新电子传输材料的分子间氢键长度范围为 1.856 ~ 1.866 Å，本书模拟出来 β-BNPP 的键长最短且最小值为 1.856 Å。分子间形成的键长越短，证明分子间的氢键越稳定，氢键稳定性的顺序为 β- 位置 >γ- 位置 >α- 位置。同时，α-BNPI、γ-BNPI、α-BNPP、β-BNPP 和 γ-BNPP 分子之间计算出的相互作用能分别为 −147.598 eV、−92.258 eV、−64.703 eV、−12.305 eV 和 −61.527 eV。分子间的相互作用能越高，两个分子的成型越稳定。通过仔细比较每个电子传输分子之间的堆积结构，本书发现电子传输材料的分子接触模式对载流子的传输至关重要。由于电子传输分子的邻苯二甲酰亚胺或萘酰亚胺基团之间的分子间氢键的存在，这些新设计的电子传输分子之间可以形成灵活的手拉手式 Z 字形链堆叠模式，这种手拉手式 Z 字形链更有利于电子的传输，也正因为如此，这些新的电子传输分子获得了比实验分子更高的电子迁移率。与含有邻苯二甲酰亚胺的实验分子 β-BNPhen 相比，使用分子量更高、结构更刚性的萘酰亚胺基团的一系列设计的电子传输分子，有效地增加了分子结构的 π 电子离域，从而改善了这些电子传输材料的载流子传输性能。总的来说，通过改变邻苯二甲酰亚胺或萘酰亚胺环骨架之间的顶端基团位置，并通过比较它们的键能和键长研究发现，由于分子间相互作用能的最大值（−12.305 eV）和最小的键长（1.856 Å），β-BNPP 可以获得更灵活的手拉手式 Z 字形链结构。与其他结构相比，β-BNPP 具有更强大的电子传输能力。

表7.3　α-BNPI、γ-BNPI、α-BNPP、β-BNPP和γ-BNPP的分子间氢键的相互作用能与键长

电子传输分子	相互作用能 /eV	键长 1/Å	键长 2/Å
β-BNPhen	0	0	0
α-BNPI	-147.598	1.861	1.866
γ-BNPI	-92.258	1.862	1.862
α-BNPP	-64.703	1.866	1.866
β-BNPP	-12.305	1.863	1.856
γ-BNPP	-61.527	1.865	1.865

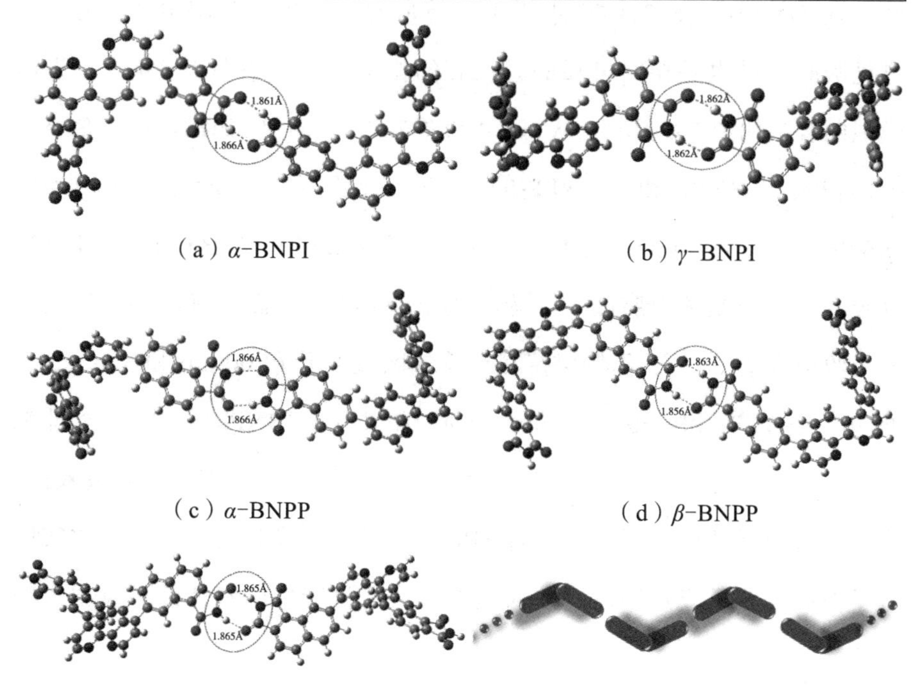

（a）α-BNPI　（b）γ-BNPI

（c）α-BNPP　（d）β-BNPP

（e）γ-BNPP

图 7.5　电子传输分子 α-BNPI、γ-BNPI、α-BNPP、β-BNPP 和 γ-BNPP 的分子间氢键

7.3.2 光谱性质与稳定性

为了使光照尽可能透过电子传输层被光吸收层吸收，电子传输层需要具有较高的可见光透明度。因此，本书通过模拟紫外－可见（UV-Vis）光谱吸收性质来评估所有电子传输分子的可见光透明度。首先，基于优化的基态（S_0）几何结构，通过不同的方法（不同泛函和基组）如TD-PBE0/6-31G** 和 BMK/6-31G** 等在甲苯溶剂的环境中选择 30 个最低的单线态到单线态的激发来模拟实验分子 β-BNPhen 的紫外－可见吸收光谱。通过计算发现在 TD-PBE0/6-31G** 方法下模拟的最大吸收光谱值为 λ_{max}=362.05 nm，与实验结果（λ_{max}=349.1 nm）非常接近。因此，在 TD-PBE0/6-31G** 水平上计算所有其他电子传输分子的紫外－可见吸收光谱也是相对可靠的。计算的相关参数收集在表 7.4 中，光谱模拟曲线图如图 7.6 所示。从表 7.4 和图 7.6 可以看到，α-BNPI、γ-BNPI、α-BNPP、β-BNPP 和 γ-BNPP 的 λ_{max} 分别为 341.41 nm、376.40 nm、396.76 nm、336.94 nm 和 346.86 nm。尽管 α-BNPP、β-BNPP 和 γ-BNPP 的吸收峰由于萘酰亚胺的 π-共轭体系的 π-π* 跃迁而略有红移，但它们的吸收最大值（λ_{max}）仍然保持在近紫外区域附近（200 nm 和 380 nm）。此外，α-BNPI 和 β-BNPP 的光学间隙大于 β-BNPhen 的光学间隙（3.42 eV），分别为 3.63 eV 和 3.68 eV。本书从吸收范围、最大吸收值、光学间隙等特征证实了这些设计的电子传输分子成膜后可能具有比实验分子更高的可见光透明度，这对提升整个光伏器件的整体效率有很大的帮助。

表7.4　在甲苯溶剂的环境中采用不同方法模拟实验分子β-BNPhen从基态到激发态（$S_0 \rightarrow S_1$）的紫外可见光谱吸收结果

β-BNPhen	最大吸收波长 /nm	激发能 /eV	振子强度
参照值	349.1	—	—
CAM-B3LYP/6-31G**	326.65	3.795 6	1.436 3
B3LYP/6-31G**	374.78	3.308 2	1.088 8
M06/6-31G**	370.21	3.349 1	1.166 0
BMK/6-31G**	334.07	3.711 3	1.399 6
PBE0/6-31G**	362.05	3.424 5	1.187 9

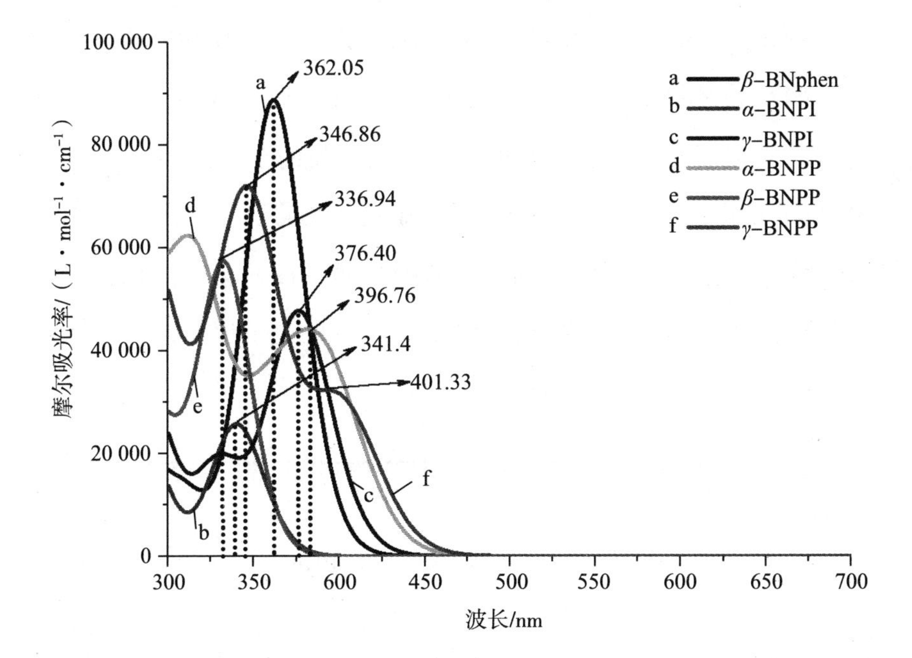

图 7.6　在四氢呋喃溶剂中模拟所有分子的紫外 - 可见光谱吸收

7.3.3 电子传输性质

当电子传输材料运用于有机电子器件时，电子迁移率（μ）是评估潜在可用性的一个重要因素。重组能（λ）和电子转移积分（v）是影响电子迁移率的两个关键因素。通常，较大的电子转移积分和较小的重组能有利于材料中的电子快速传输。通常，重组能由内部重组能（λ_{in}）和外部重组能（λ_{out}）组成，其中内部重组能表示当定位在分子 i 上的电荷传输到分子 j[227] 时，与二聚体内部坐标中的变形相关的总能量。而在绝大多数有机晶体材料中，外部重组能远远小于内部重组能，因此在本次的研究体系中将外部重组能忽略不计 [190-191]。基于所有分子结构优化使用的 PBE0/+6-31+G** 方法，所有研究的电子传输材料的重组能均采用 PBE0/+6-31+G** 方法计算，结果见表 7.5 所列。由表 7.5 可知，β-BNPhen、α-BNPI、γ-BNPI、α-BNPP、β-BNPP 和 γ-BNPP 的重组能结果分别为 1.00 eV、0.36 eV、0.29 eV、0.18 eV、0.25 eV、0.19 eV，可以看出所有新设计的电子传输材料的重组能都比参考分子 β-BNPhen 小得多；并且与邻苯二甲酰亚胺基团的引入相比，萘酰亚胺基团的引入使电子传输分子的重组能略微降低。因此，根据重组能的参数可以初步估计，由于这些较低的重组能，新的电子传输分子的电子迁移率可能比实验中分子（β-BNPhen）更大。

表7.5 采用PBE0/+6-31+G**方法计算所有电子传输分子的重组能

电子传输分子	β-BNPhen	α-BNPI	γ-BNPI	α-BNPP	β-BNPP	γ-BNPP
重组能 /eV	1.00	0.36	0.29	0.18	0.25	0.19

作为另一个影响载流子迁移性质的重要参数，电子转移积分非常依赖相邻分子之间的相对位置[227]。因此，在计算电子转移积分时，必须考虑两个相邻分子的相对位置和堆积方式。首先，选择 Materials Studio（MS）软件中的“Polymorph”模块对所有单个电子传输材料进行晶体结构预测。晶体结构预测时选择能量优化力场及常用的 P_{-1}、P_{21}、P_{212121}、$P_{21\text{-}C}$ 四个空间群。然后，用预测好的晶体结构对所有空间群和能量进行分析，选择出最低能量值的一个晶体结构进行下一步模拟，预测晶体参数见表 7.6 所列，预测晶体结构见表 7.7 所列。在寻找不同相邻分子位置及二聚体时，本书考虑到两种电荷传输方式：一种是在超晶胞的二维平面中选择中心分子作为载流子供体，选择相邻的三个分子作为载流子受体，形成横向二聚体 T_1、T_2、T_3 和 T_4 传输路径；另一种是在垂直于超晶胞二维平面的平面上选择面对面二聚体作为载流子供体和受体形成三维 π-π 堆积的 P 路径。此时对挑选出的晶体结构进行超胞（3 × 3 × 3）的建立。将构建好的超胞保留一个传输平面和垂直形成面对面二聚体的一条路径，得到了可能出现的电子传输路径，见表 7.7 中的最右列 P 路径二聚体结构图及如图 7.7 所示。最后，在 MS 软件中对每个分子结构之间的距离（质心距）和每条传输路径之间的夹角进行测量。在建立 γ-BNPI 的电子传输路径时，没有形成垂直于超晶胞二维平面的 P 路径，这是因为 γ-BNPI 的预测晶体结构中两分子结构呈现交叉形状，无法在建立超胞时形成 P 路径。对此，本书将 γ-BNPI 建立的超胞也呈现出来，如图 7.8 所示。对于每条路径形成的二聚体，在 Gaussian 09 程序中采用 HOMO 分离法计算所有二聚体的电子耦合值。结合前面计算的重组能，最终运用 Marcus 理论公式计算出所有电子传输分子的电子迁移率。计算结果显示，β-BNPhen 的模拟计算电子

迁移率为 $6.23\times10^{-4}\ cm^2\cdot V^{-1}\cdot s^{-1}$，与实验值的 $7.8\times10^{-4}\ cm^2\cdot V^{-1}\cdot s^{-1}$ 在同一个数量级，因此本书运用的方法对电子传输材料的迁移率计算是相对可靠的，此计算模型可以相对准确地预测电子传输材料的电子迁移率。其他电子传输分子也用了同样的方法进行迁移率的计算。所有电子传输分子的主要电子传输路径如图 7.9 所示，其电子迁移率相关参数和计算结果见表 7.8 所列。

表7.6　所有电子传输分子最低能量时的晶体参数

电子传输分子	晶体参数	
β-BNPhen	Cubic24.750 × 14.583 × 3.581 Å³	α=90.000°，β=89.719°，γ=90.000°
α-BNPI	Cubic11.500 × 28.049 × 5.301 Å³	α=90.000°，β=82.923°，γ=90.000°
γ-BNPI	Cubic20.544 × 3.853 × 19.800 Å³	α=90.000°，β=115.435°，γ=90.000°
α-BNPP	Cubic30.126 × 3.788 × 14.176 Å³	α=90.450°，β=69.621°，γ=58.934°
β-BNPP	Cubic23.160 × 27.487 × 3.948 Å³	α=90.000°，β=90.000°，γ=90.000°
γ-BNPP	Cubic3.937 × 21.847 × 29.612 Å³	α=90.000°，β=94.297°，γ=90.000°

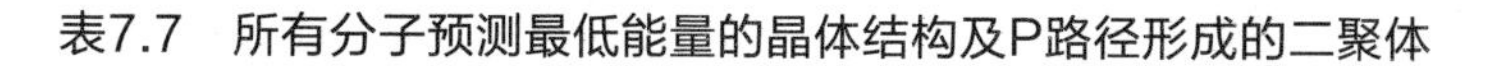

表7.7　所有分子预测最低能量的晶体结构及P路径形成的二聚体

分子	预测晶体结构	P 路径二聚体结构图
β-BNPhen		
α-BNPI		
γ-BNPI		—
α-BNPP		
β-BNPP		

续表

分子	预测晶体结构	P 路径二聚体结构图
γ-BNPP	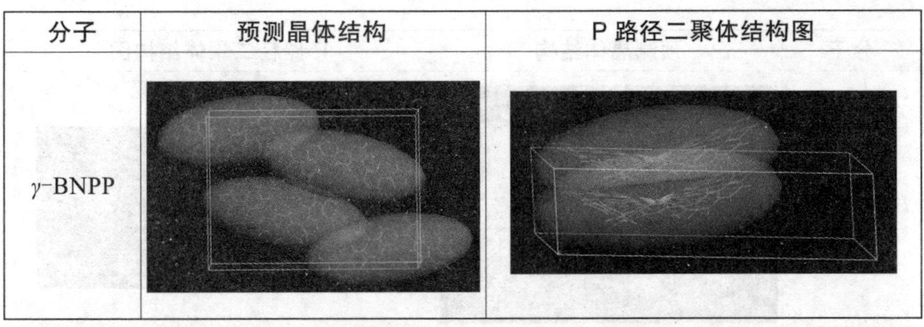	

（a）β-BNPhen　（b）α-BNPI

（c）γ-BNPI　（d）α-BNPP

图 7.7　所有电子传输分子的 T_1、T_2、T_3、T_4 路径及二聚体之间的质心距

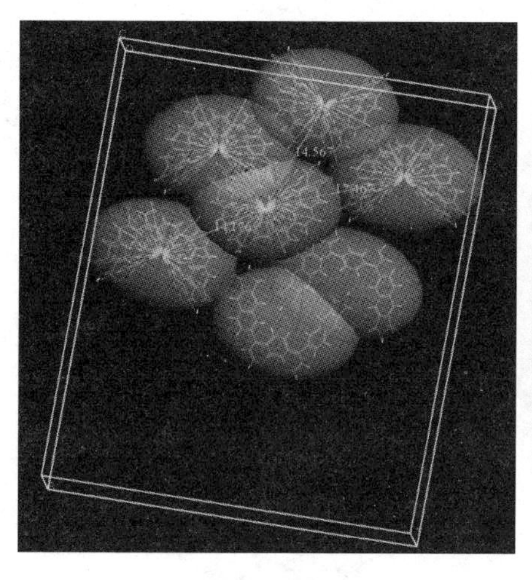

（e）β-BNPP

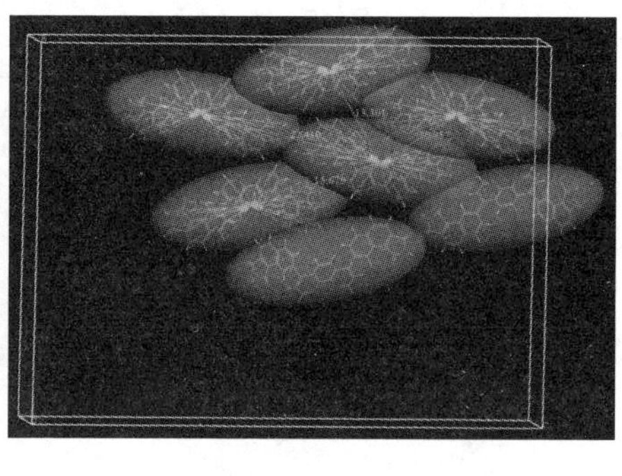

（f）γ-BNPP

图 7.7（续）

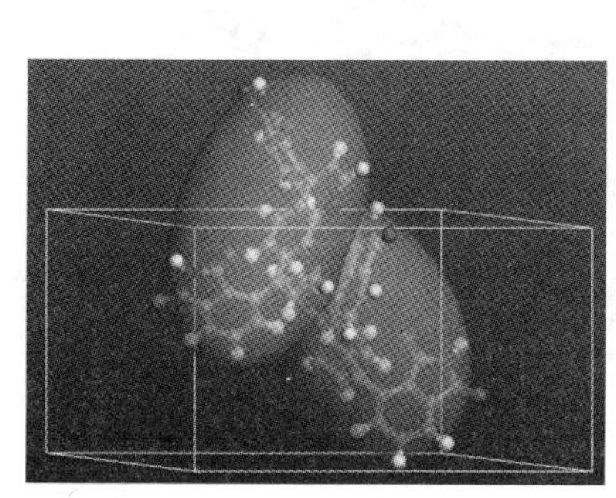

（a）晶体结构（γ-BNPI）

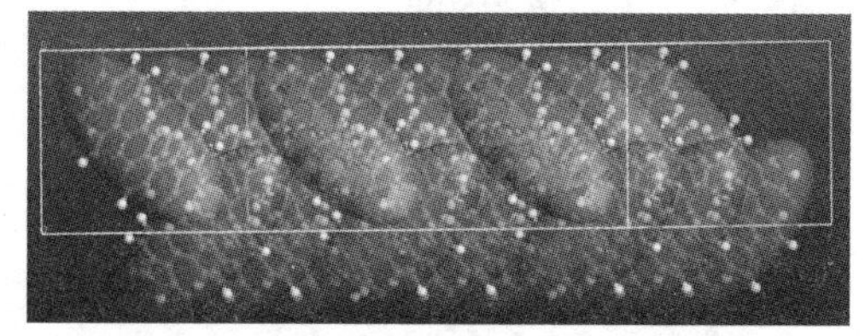

（b）超胞（侧面视图）

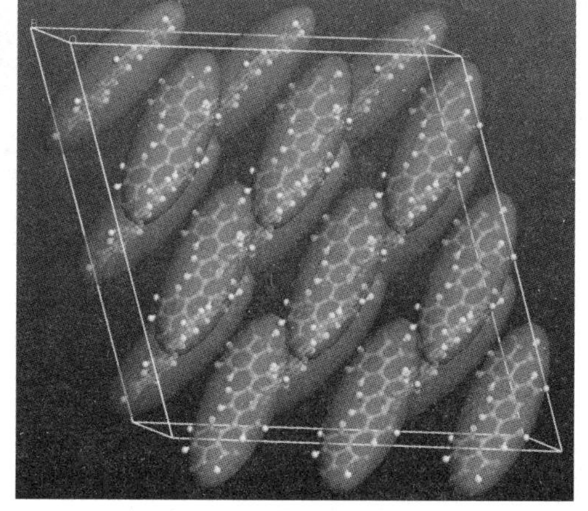

（c）超胞（正面视图）

图 7.8　预测的 γ-BNPI 晶体结构和基于单晶建立的超胞侧面和正面视图

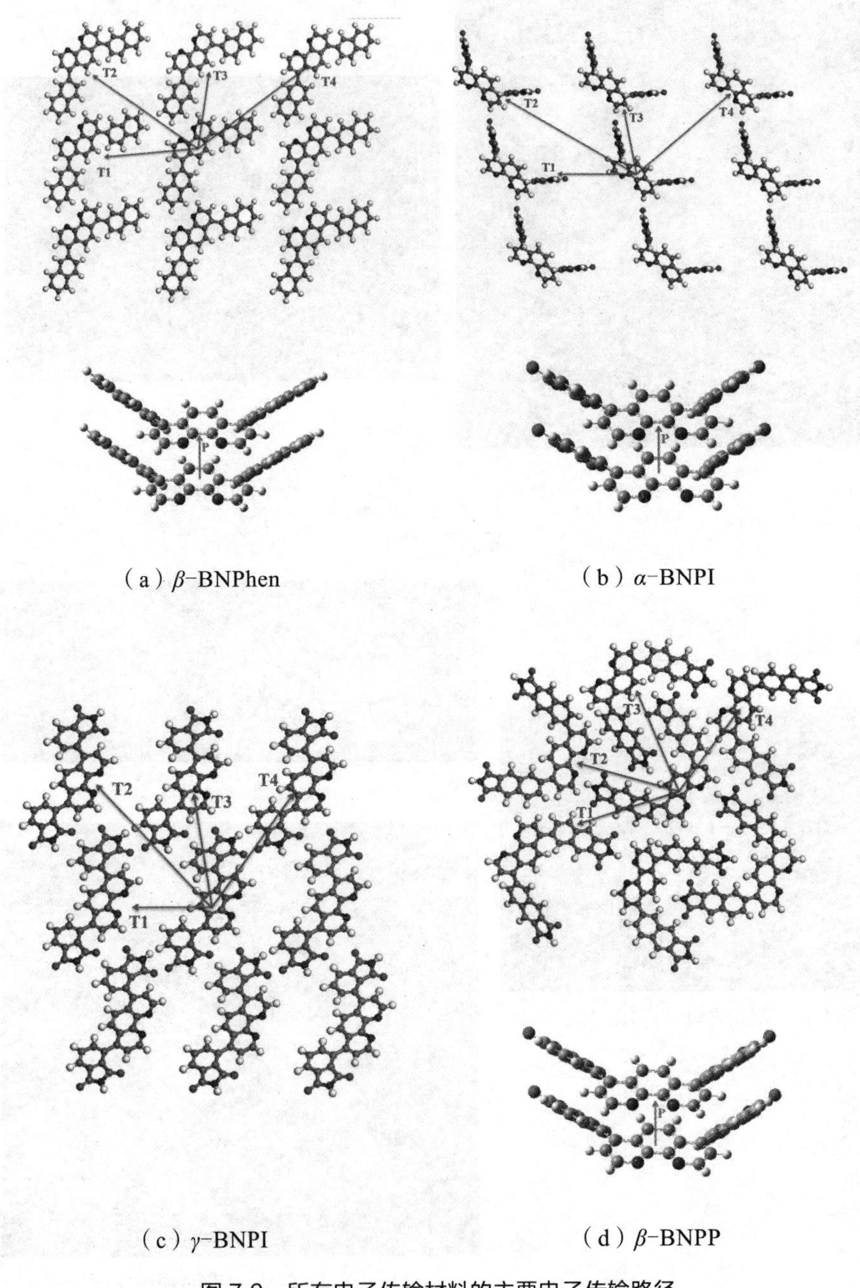

(a) β-BNPhen　(b) α-BNPI

(c) γ-BNPI　(d) β-BNPP

图 7.9　所有电子传输材料的主要电子传输路径

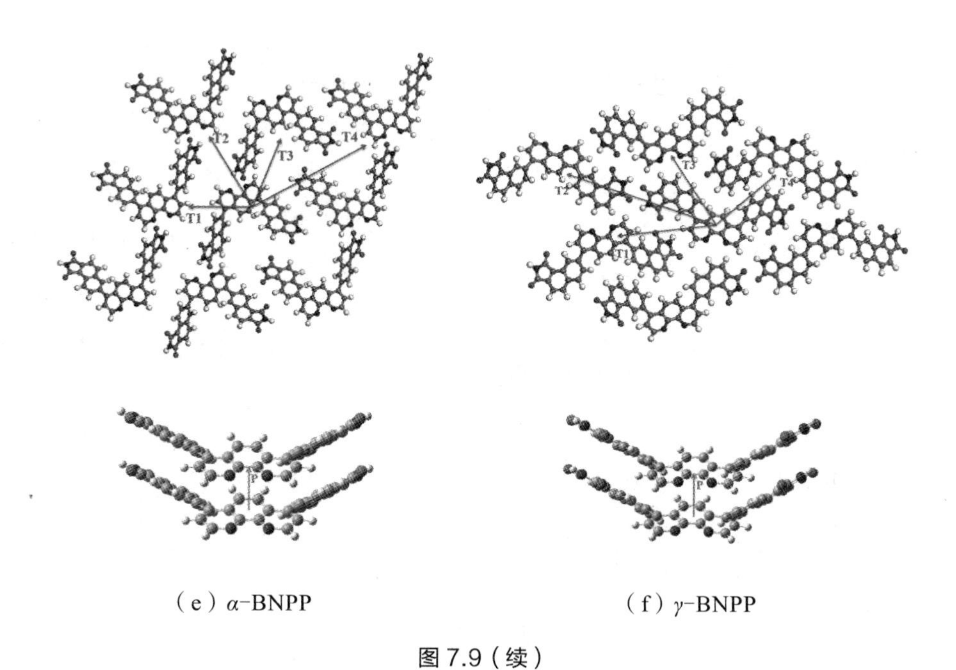

（e）α-BNPP　　（f）γ-BNPP

图 7.9（续）

表7.8　所有分子的路径、质心距、电子转移积分、电荷跃迁速率、电子迁移率

电子传输分子	路径	质心距 /Å	电子转移积分 /eV	电子跃迁速率 /s^{-1}	电子迁移率 /($cm^2 \cdot V^{-1} \cdot s^{-1}$)
β-BNPhen	T_1	16.907	3.55×10^{-2}	1.21×10^9	6.23×10^{-4}
	T_2	21.277	2.30×10^{-2}	5.06×10^8	
	T_3	12.917	1.02×10^{-1}	9.99×10^9	
	T_4	21.277	1.50×10^{-3}	2.14×10^5	
	P	4.008	8.46×10^{-2}	6.86×10^9	
α-BNPI	T_1	18.500	5.03×10^{-3}	2.20×10^{11}	1.67×10^{-1}
	T_2	26.172	1.09×10^{-3}	1.03×10^9	
	T_3	13.595	4.60×10^{-2}	1.83×10^{12}	
	T_4	19.213	4.63×10^{-3}	1.86×10^{11}	
	P	4.085	1.32×10^{-1}	1.50×10^{13}	

续表

电子传输分子	路径	质心距 /Å	电子转移积分 /eV	电子跃迁速率 /s^{-1}	电子迁移率 /($cm^2 \cdot V^{-1} \cdot s^{-1}$)
γ-BNPI	T_1	13.585	6.14×10^{-2}	6.95×10^{12}	7.19×10^{-1}
	T_2	22.147	1.70×10^{-2}	5.31×10^{11}	
	T_3	13.547	1.48×10^{-2}	4.04×10^{11}	
	T_4	15.675	1.22×10^{-2}	2.75×10^{11}	
α-BNPP	T_1	14.816	1.36×10^{-4}	1.28×10^{8}	1.09×10^{-1}
	T_2	20.697	1.36×10^{-4}	1.28×10^{8}	
	T_3	14.176	1.55×10^{-2}	1.66×10^{12}	
	T_4	28.627	0	0	
	P	3.788	1.69×10^{-2}	1.96×10^{12}	
β-BNPP	T_1	14.179	1.67×10^{-2}	8.80×10^{11}	2.68×10^{-1}
	T_2	9.076	5.35×10^{-2}	8.98×10^{12}	
	T_3	14.567	1.59×10^{-2}	7.96×10^{11}	
	T_4	17.467	4.90×10^{-3}	7.53×10^{10}	
	P	3.948	7.53×10^{-2}	1.78×10^{13}	
γ-BNPP	T_1	15.679	1.63×10^{-2}	1.70×10^{12}	9.65
	T_2	22.410	1.36×10^{-4}	1.18×10^{8}	
	T_3	13.301	1.23×10^{-1}	9.62×10^{13}	
	T_4	10.857	1.36×10^{-4}	1.18×10^{8}	
	P	3.937	4.29×10^{-2}	1.17×10^{13}	

通常，电子传输分子之间通过形成面对面 π-π 堆叠模式的二聚体时，可以尽可能地实现分子较大的电子转移积分[224, 230, 249]。从图 7.9 中可以看出，除 γ-BNPI 外，所有新设计的电子传输材料的二聚体呈现出明显的面对面 π-π 堆叠堆积模型（P 路径），并且面对面 π-π 堆叠

模式使得这些电子传输分子二聚体的质心距明显减小。本书研究还发现，由于所有电子传输材料都有一个共同的菲咯啉骨架核心，因此分子中形成的 P 传输路径的质心距是相似的，范围为 3.788 ～ 4.008 Å。在 α-BNPP、β-BNPP 和 γ-BNPP 中，由于引入了萘酰亚胺，分子的共轭性和平面性增强，出现了明显的 π-π 堆叠模式。由表 7.8 可知，β-BNPhen、α-BNPI、γ-BNPI、α-BNPP、β-BNPP 和 γ-BNPP 的最高电子转移积分分别为 1.02×10^{-1} eV、1.32×10^{-1} eV、6.14×10^{-2} eV、1.69×10^{-2} eV、7.53×10^{-2} eV 和 1.23×10^{-1} eV。尽管实验分子 β-BNPhen 也具有一条较高电子转移积分的传输路径，但是其他路径电子转移积分大幅度较小也使整体电子迁移率有所下降。另外，实验分子非常大的重组能也是整个材料电子传输性能不高的主要原因。设计的这几个分子能够形成明显的 π-π 堆叠模式，增加了所有电子传输路径的电子转移积分。显然，二聚体形成的 π-π 堆叠对提高空电子传输分子的电子转移积分起着重要作用。同时，这几个设计电子传输分子的重组能比实验分子小得多，因此总的电子迁移率明显上升。例如，尽管 γ-BNPI 没有形成 π-π 堆叠模式，但其有较小的重组能（0.36 eV）以及较高的平均电子转移积分（1.22×10^{-2} ～ 6.14×10^{-2} eV），因此也获得了较高的电子迁移率（7.19×10^{-1} $cm^2\cdot V^{-1}\cdot s^{-1}$）。

已有研究表明，分子间氢键可以影响分子二聚体之间的堆积模式，并且通常分子间具有氢键有助于提高分子的载流子迁移率[101，246，250-255]。因此，计算电子传输分子的双分子间氢键来研究相互作用能对其电子传输性质的影响也是尤为重要的。通过计算发现，分子间氢键主要受分子顶端基团及其在分子结构中的位置的影响。与邻苯二甲酰亚胺相比，使用萘酰亚胺基团获得了更高的分子量和更刚性的结构，这有利于通过增加萘酰亚胺的芳香π-离域来改善分子的载流子传输性能。此外，本书通过实验改变邻苯二甲酰亚胺或萘酰亚胺环骨架之间的顶端基团位置，比较它们的相互作用能和键长，发现氢键稳定性的顺序为β-位置>γ-位置>α-位置。电子传输材料的分子堆叠模式对载流子的传输至关重要。由于分子间氢键的存在，最灵活的手拉手Z字形链分子堆叠模式有利于分子间进行更有效的电子传输。与其他分子结构相比，β-BNPP中由于分子间氢键能的最大值（−12.305 eV）和最小键长（1.856 Å）有更灵活的手拉手Z字形链结构，因此它具有更有效的电子传输。这些设计分子作为电子传输材料成膜生长时，其较强的分子间氢键可以控制分子堆积从而形成相对有序的膜，获得更高的电子迁移率。总的来说，分子间的氢键促进了分子成膜有序性，π-π堆叠模式增加了分子间的转移积分，这使得这些新设计的电子传输分子具有更好的电子传输性能。

最终验证电子传输性能的主要参数电子迁移率也根据Marcus公式和Einstein关系计算所得。由表7.8可知，β-BNPhen、α-BNPI、γ-BNPI、α-BNPP、β-BNPP和γ-BNPP的最大电子跃迁率分别为$9.99\times10^{9}\ s^{-1}$、$1.50\times10^{13}\ s^{-1}$、$6.95\times10^{12}\ s^{-1}$、$1.96\times10^{12}\ s^{-1}$、$1.78\times10^{13}\ s^{-1}$和$9.62\times10^{13}\ s^{-1}$，$\beta$-BNPP和$\gamma$-BNPP的电子跃迁率比其他分子更高，这是由于萘酰亚胺的共轭比邻苯二甲酰亚胺大，这也使其拥有更高的电子迁移率。例如，γ-BNPP（$9.65\ cm^{2}\cdot V^{-1}\cdot s^{-1}$）的电子迁移率（$\mu$）大于$\gamma$-BNPI（$7.19\times10^{-1}\ cm^{2}\cdot V^{-1}\cdot s^{-1}$）的电子迁移率。电子迁移率从$\beta$-BNPhen到$\gamma$-BNPP增加了两个数量级。与$\gamma$-BNPI、$\beta$-BNPP、$\alpha$-BNPI和$\alpha$-BNPP相比，$\gamma$-BNPP的电子迁移率值增加了大约一个数量级，这也证明酰亚胺在萘酰亚胺基团中的γ-位置对电荷转移性能起着不可忽视的作用。

7.3.4　单个电子传输分子的稳定性

有机半导体的稳定性可以通过绝对硬度来预测，绝对硬度的计算公式为 $\eta=(IP_a-EA_a)/2$[119, 198-200, 226]。其中，IP_a 和 EA_a 分别为绝热电离势和绝热电子亲和力[201]。绝对硬度的数值越大，电子传输分子的稳定性越好。见表 7.9 所列，β-BNPhen、α-BNPI、γ-BNPI、α-BNPP、β-BNPP 和γ-BNPP的计算绝对硬度分别为4.51 eV、3.07 eV、2.89 eV、2.71 eV、2.99 eV 和 2.65 eV。计算结果表明，β-BNPhen 的绝对硬度值高于所有新的电子传输分子，这表明 β-BNPen 与所有新的电子传输材料相比具有更好的稳定性。此外，在绝对硬度公式中，电离势（IP_a）受到注入电极的载流子克服能垒能力的影响[202, 231]。从表 7.9 中可以看到，所有电子传输材料的 IP_a 计算值非常接近且相对较大，这表明所有电子传输分子的电子可以注入电极的虚拟轨道中。

表7.9　绝热电离势、绝对电子亲和能、绝对硬度、溶剂化自由能

电子传输分子	EA_a/eV	IP_a/eV	绝对硬度 /eV	溶剂化自由能 / (kcal · mol^{-1})
β-BNPhen	−1.23	7.80	4.51	−23.59
α-BNPI	−1.89	8.04	3.07	−26.21
γ-BNPI	−2.02	7.81	2.89	−24.78
α-BNPP	−2.30	7.71	2.71	−30.95
β-BNPP	−1.77	7.76	2.99	−31.85
γ-BNPP	−2.19	7.50	2.65	−30.38

此外，基于低温溶液的电子传输分子工艺可以降低整个反应过程的

生产成本，并且能够进一步适用较大的衬底的这个条件。电子传输材料的溶解性也是相对重要的一个因素，因此电子传输材料在有机溶剂中的溶解度被认为是理想的基于溶液的器件制造，这可以通过计算它们的溶剂化自由能（ΔG_{solv}）进行评估，公式为 $\Delta G_{solv}=G_{sol}-G_{gas}$[232，256]。溶剂化自由能的负值越大，分子的溶解过程越容易。根据计算结果发现，所有新的电子传输分子都比 β-BNPhen 熔化剂自由能的负值大（表 7.9），这表明这些新的电子传输分子的溶解过程相对更容易，并且会在较低的温度下发生，可以有效地降低生产成本。

7.4　本章小结与展望

本章在实验报道的高效电子传输分子 *β*-BNPhen 的基础上，在菲咯啉中引入邻苯二甲酰亚胺或萘酰亚胺基团，从理论上设计了一系列新的电子传输材料（*α*-BNPI、*γ*-BNPI、*α*-BNPP、*β*-BNPP 和 *γ*-BNPP）。通过密度泛函理论和 Marcus 理论共同模拟计算了这些新设计的分子的电子、光谱和载流子迁移率等性质。计算结果表明，所设计的电子传输分子具有优异的电子输运性质、透明性以及溶解性，比 *β*-BNPhen 具有更好的综合性能。两个分子通过分子间氢键相互连接，形成了所有新型电子传输材料中最灵活的 Z 字形链分子堆叠模式，这使得电子传输更有效。本书设计的所有新电子传输材料的电子迁移率都比 *β*-BNPhen 高出两到三个数量级，对这一系列新设计的电子传输分子的研究为今后合成高效电子传输材料提供了一种有用的设计思路。

参 考 文 献

[1] POTOCNIK J. Renewable energy sources and the realities of setting an energy agenda[J]. Science，2007，315（5813）：810-811.

[2] SCHIERMEIER Q，TOLLEFSON J，SCULLY T，et al. Energy alternatives：electricity without carbon[J]. Nature News，2008，454（7206）：816-823.

[3] 王森涛，赵娅娅，张波 . 太阳能电池制备工艺理论研究 [J]. 能源与节能，2017（9）：92-93.

[4] 上官小英，常海青，梅华强 . 太阳能发电技术及其发展趋势和展望 [J]. 能源与节能，2019（3）：60-63.

[5] GREEN M，EMERY K，HISHIKAWAL Y，et al. Solar cell efficiency tables（Version 45）[J]. Progress in Photovoltaics：Research and Applications，2015，23（1）：1-9.

[6] 赵洋 . 柔性晶硅太阳电池研究 [D]. 锦州：渤海大学，2017.

[7] GREEN M. The path to 25% silicon solar cell efficiency：history of silicon cell evolution[J]. Prog Photovolt- Res Appl，2009，17（3）：183-189.

[8] JACKSON P，HARISKOS D，LOTTER E，et al. New world record efficiency for Cu （In，Ga）Se_2 thin - film solar cells beyond 20%[J]. Progress in Photovoltaics：Research and Applications，2011，19（7）：894-897.

[9] 钟全 . 非晶硅薄膜太阳能电池激光刻线工艺研究及设备优化 [D]. 成都：电子科技大学，2018.

[10] VILLAR F，ANTONY A，ESCARRÉ J，et al. Amorphous silicon thin film solar cells deposited entirely by hot-wire chemical vapour deposition at low temperature（< 150 ℃）[J]. Thin Solid Films，2009， 517（12）：3575-3577.

[11] SOBAJIMA Y，NISHINO M，FUKUMORI T，et al. Solar cell of 6.3% efficiency employing high deposition rate （8 nm/s） microcrystalline silicon photovoltaic layer[J]. Solar Energy Materials and Solar Cells，2009，93（6/7）：980-983.

[12] 曾群，白占旗，刘武灿，等 . 电子化学品在光伏电池产业中的应用及发展 [J]. 低温与特气，2019，37（5）：1-6.

[13] 程华，赵新明 . 微晶硅薄膜电池的发展现状及制备技术研究 [J]. 科技资讯，2016，14（33）：38-39.

[14] SMIRNOV V，DAS C，MELLE T，et al. Improved homogeneity of microcrystalline absorber layer in thin-film silicon tandem solar cells[J]. Materials Science and Engineering，2009（159）：44-47.

[15] WANG Y，GENG X，STIEBIG H，et al. Stability of microcrystalline silicon solar cells with HWCVD buffer layer[J]. Thin Solid Films，2008，516（5）：733-735.

[16] FINGER F，MAI Y，KLEIN S，et al. High efficiency microcrystalline silicon solar cells with Hot-Wire CVD buffer layer[J]. Thin Solid Films，2008，526（5）：728-732.

[17] ISLAM M M，ISHIZUKA S，YAMADA A，et al. Thickness study of Al：ZnO film for application as a window layer in Cu （$In_{1-x}Ga_x$）Se_2 thin film solar cell[J]. Applied Surface Science，2011，257（9）：4026-4030.

[18] 赵守仁，黄志鹏，孙雷，等 . 碲化镉薄膜太阳能电池电学特性参数分析 [J]. 物理学报，2013（18）：507-512.

[19] 韩丽君 . 太阳能锂电池供电的智能家居系统 [J]. 计算机与数字工程，2018，46（8）：1685-1689.

[20] 陈颉，陈庭金 . 砷化镓太阳电池的研究与展望 [J]. 云南师范大学学报（自然科学版），1989（3）：52-57.

[21] MARTIN A G，KEITH E，YOSHIHIRO H，et al. Solar cell efficiency tables （version 39）[J]. Progress in Photovoltaics：Research and Applications，2012，20（1）：12-20.

[22] 李微，黄才勇，刘兴江．薄膜太阳电池技术发展趋势浅析 [J]. 中国电子科学研究院学报，2012，7（4）：344-350.

[23] WANG K，GUNAWAN O，TODOROV T，et al. Thermally evaporated Cu_2ZnSnS_4 solar cells[J]. Applied Physics Letters，2010，97（14）：143508.

[24] JIMBO K，KIMURA R，KAMIMURA T，et al. Cu_2ZnSnS_4-type thin film solar cells using abundant materials[J]. Thin Solid Films，2007，515（15）：5997-5999.

[25] GUO Q，FORD G M，YANG W C，et al. Fabrication of 7.2% efficient CZTSSe solar cells using CZTS nanocrystals[J]. Journal of the American Chemical Society，2010，132（49）：17384-17386.

[26] TODOROV T K，KATHLEEN B，DAVID B. Photovoltaic Devices：High - efficiency solar cell with earth - abundant liquid - processed absorber[J]. Advanced Materials，2010，22（20）：156-159.

[27] BARKHOUSE D A R，GUNAWAN O，GOKMEN T，et al. Device characteristics of a 10.1% hydrazine - processed $Cu_2ZnSn(Se, S)_4$ solar cell[J]. Progress in Photovoltaics：Research and Applications，2012，20（1）：6-11.

[28] PARIDA B，INIYAN S，GOIC R. A review of solar photovoltaic technologies[J]. Renewable and Sustainable Energy Reviews，2011，15（3）：1625-1636.

[29] MATHEW S，YELLA A，GAO P，et al. Dye-sensitized solar cells with 13% efficiency achieved through the molecular engineering of porphyrin sensitizers[J]. Nature Chemistry，2014，6（3）：242-247.

[30] CONGREVE D N，LEE J，THOMPSON N J，et al. External quantum efficiency above 100% in a singlet-exciton-fission–based organic photovoltaic cell[J]. Science，2013，340（6130）：334-337.

[31] O'REGAN B，GRÄTZEL M. A low-cost，high-efficiency solar cell based on dye-sensitized colloidal TiO_2 films[J]. Nature，1991，353（6346）：737.

[32] SEO J H，GUTACKER A，SUN Y，et al. Improved high-efficiency organic solar cells via incorporation of a conjugated polyelectrolyte interlayer[J]. Journal of the American Chemical Society，2011，133（22）：8416-8419.

[33] DUNCAN W R，PREZHDO O V. Theoretical studies of photoinduced electron transfer in dye-sensitized TiO_2[J]. Annu. Rev. Phys. Chem.，2007，58：143-184.

[34] HAGFELDT A，BOSCHLOO G，SUN L，et al. Dye-sensitized solar cells[J]. Chemical Reviews，2010，110（11）：6595-6663.

[35] LI M，KOU L，DIAO L，et al. Theoretical study of acene-bridged dyes for dye-sensitized solar cells[J]. Journal of Physical Chemistry A，2015，119（13）：3299-3309.

[36] YUAN W，ZHAO H，BAKER G L. Low glass transition temperature hole transport material in enhanced-performance solid-state dye-sensitized solar cell[J]. Organic Electronics，2014，15（11）：3362-3369.

[37] ARDO S，MEYER G J. Photodriven heterogeneous charge transfer with transition-metal compounds anchored to TiO_2 semiconductor surfaces[J]. Chemical Society Reviews，2009，38（1）：115-164.

[38] LI M，KOU L，DIAO L，et al. Theoretical study of WS-9-based organic sensitizers for unusual Vis/NIR absorption and highly efficient dye-sensitized solar cells[J]. Journal of Physical Chemistry C，2015，119（18）：9782-9790.

[39] NAZEERUDDIN M K，DE ANGELIS F，FANTACCI S，et al. Combined experimental and DFT-TDDFT computational study of photoelectrochemical cell ruthenium sensitizers[J]. Journal of the American Chemical Society，2005，127（48）：16835-16847.

[40] SANTHANAMOORTHI N，CHIEN-MIN L，JYH-CHIANG J. Molecular design of porphyrins for dye-sensitized solar cells：a DFT/TDDFT study[J]. The Journal of Physical Chemistry Letters，2013，4（3）：524-530.

[41] BISWAS A K，BARIK S，SEN A，et al. Design of efficient metal-free organic dyes having an azacyclazine scaffold as the donor fragment for dye-

sensitized solar cells[J]. The Journal of Physical Chemistry C, 2014, 118（36）: 20763-20771.

[42] FREITAS J N, ANA FLÁVIA N, MARCO-AURELIO D P. New insights into dye-sensitized solar cells with polymer electrolytes[J]. Journal of Materials Chemistry, 2009, 19（30）: 5279-5294.

[43] CLIFFORD J N, PALOMARES E, NAZEERUDDIN M K, et al. Molecular control of recombination dynamics in dye-sensitized nanocrystalline TiO_2 films: free energy vs distance dependence[J]. Journal of the American Chemical Society, 2004, 126（16）: 5225-5233.

[44] JONES D R, TROISI A. A method to rapidly predict the charge injection rate in dye sensitized solar cells[J]. Physical Chemistry Chemical Physics, 2010, 12（18）: 4625-4634.

[45] KROEZE J E, HIRATA N, KOOPS S, et al. Alkyl chain barriers for kinetic optimization in dye-sensitized solar cells[J]. Journal of the American Chemical Society, 2006, 128（50）: 16376-16383.

[46] PASTORE M, DE ANGELIS F. Aggregation of organic dyes on TiO_2 in dye-sensitized solar cells models: an ab initio investigation[J]. ACS Nano, 2010, 4（1）: 556-562.

[47] AMBROSIO F, MARTSINOVICH N, TROISI A. What is the best anchoring group for a dye in a dye-sensitized solar cell?[J]. The Journal of Physical Chemistry Letters, 2012, 3（11）: 1531-1535.

[48] HAGFELDT A, BOSCHLOO G, SUN L, et al. Dye-sensitized solar cells[J]. Chemical Reviews, 2010, 110（11）: 6595-6663.

[49] CALOGERO G, DI MARCO G, CAZZANTI S, et al. Efficient dye-sensitized solar cells using red turnip and purple wild Sicilian prickly pear fruits[J]. International Journal of Molecular Sciences, 2010, 11（1）: 254-267.

[50] CHEN B-S，CHEN K，HONG Y-H，et al. Neutral，panchromatic Ru（II）terpyridine sensitizers bearing pyridine pyrazolate chelates with superior DSSC performance[J]. Chemical Communications，2009（39）：5844-5846.

[51] YELLA A，LEE H W，TSAO H N，et al. Porphyrin-sensitized solar cells with cobalt（II/III）-based redox electrolyte exceed 12 percent efficiency[J]. Science，2011，334（6056）：629-634.

[52] GOUTERMAN M. Study of the effects of substitution on the absorption spectra of porphin[J]. The Journal of Chemical Physics，1959，30（5）：1139-1161.

[53] GOUTERMAN M. Spectra of porphyrins[J]. Journal of Molecular Spectroscopy，1961（6）：138-163.

[54] GOUTERMAN M，GEORGES H W，LAWRENCE C S. Spectra of porphyrins：Part II. Four orbital model[J]. Journal of Molecular Spectroscopy，1963，11（1/6）：108-127.

[55] KOZMA E，CONCINA I，BRAGA A，et al. Metal-free organic sensitizers with a sterically hindered thiophene unit for efficient dye-sensitized solar cells[J]. Journal of Materials Chemistry，2011，21（36）：13785-13788.

[56] SAKONG C，KIM H J，KIM S H，et al. Synthesis and applications of new triphenylamine dyes with donor-donor-（bridge）-acceptor structure for organic dye-sensitized solar cells[J]. New Journal of Chemistry，2012，36（10）：2025-2032.

[57] LIU B，WANG B，WANG R，et al. Influence of conjugated π-linker in D-D-π-A indoline dyes：towards long-term stable and efficient dye-sensitized solar cells with high photovoltage[J]. Journal of Materials Chemistry A，2014，2（3）：804-812.

[58] KUANG D，UCHIDA S，HUMPHRY-BAKER R，et al. Organic dye-sensitized ionic liquid based solar cells：remarkable enhancement in performance through molecular design of indoline sensitizers[J]. Angewandte Chemie International Edition，2008，47（10）：1923-1927.

[59] SÁNCHEZ-DE-ARMAS R，SAN-MIGUEL M A，OVIEDO J，et al. Molecular modification of coumarin dyes for more efficient dye sensitized solar cells[J]. Journal of Chemical Physics，2012，136（19）：194702.

[60] KOOPS S E，BARNES P R，O'REGAN B C，et al. Kinetic competition in a coumarin dye-sensitized solar cell：injection and recombination limitations upon device performance[J]. Journal of Physical Chemistry C，2010，114（17）：8054-8061.

[61] REN Y，LI Y，CHEN S，et al. Improving the performance of dye-sensitized solar cells with electron-donor and electron-acceptor characteristic of planar electronic skeletons[J]. Energy & Environmental Science，2016，9（4）：1390-1399.

[62] KOUMURA N，WANG Z S，MIYASHITA M，et al. Substituted carbazole dyes for efficient molecular photovoltaics：long electron lifetime and high open circuit voltage performance[J]. Journal of Materials Chemistry，2009，19（27）：4829-4836.

[63] KOJIMA A，TESHIMA K，MIYASAKA T，et al. Novel photoelectrochemical cell with mesoscopic electrodes sensitized by lead-halide compounds（2）[J]. Meeting Abstracts：Electrochemical Society，2006（5）：397.

[64] WANG P，ZAKEERUDDIN S M，MOSER J E，et al. A stable quasi-solid-state dye-sensitized solar cell with an amphiphilic ruthenium sensitizer and polymer gel electrolyte[J]. Nature Materials，2003，2（6）：402.

[65] KOJIMA A，TESHIMA K，SHIRAI Y，et al. Organometal halide perovskites as visible-light sensitizers for photovoltaic cells[J]. Journal of the American Chemical Society，2009，131（17）：6050-6051.

[66] LEE M M，TEUSCHER J，MIYASAKA T，et al. Efficient hybrid solar cells based on meso-superstructured organometal halide perovskites[J]. Science，2012，338（6107）：643-647.

[67] LI H，ZHOU J，TAN L，et al. Sequential vacuum-evaporated perovskite solar cells with more than 24% efficiency[J]. Science Advances，2022，8（28）：7422.

[68] ZHU H，SHEN Z，PAN L，et al. Low-cost dopant additive-free hole-transporting material for a robust perovskite solar cell with efficiency exceeding 21%[J]. ACS Energy Letters，2020，6（1）：208-215.

[69] AL-ASHOURI A，KÖHNEN E，LI B，et al. Monolithic perovskite/silicon tandem solar cell with >29% efficiency by enhanced hole extraction[J]. Science，2020，370（6522）：1300-1309.

[70] DE WOLF S，HOLOVSKY J，MOON S J，et al. Organometallic halide perovskites：sharp optical absorption edge and its relation to photovoltaic performance[J]. The Journal of Physical Chemistry Letters，2014，5（6）：1035-1039.

[71] STRANKS S D，EPERON G E，GRANCINI G，et al. Electron-hole diffusion lengths exceeding 1 micrometer in an organometal trihalide perovskite absorber[J]. Science，2013，342（6156）：341-344.

[72] CHEN J，PARK N G. Causes and solutions of recombination in perovskite solar cells[J]. Advanced Materials，2019，31（47）：1803019.

[73] GREEN M A，HO-BAILLIE A. The emergence of perovskite solar cells[J]. Nature Photonics，2014，8（7）：506-514.

[74] LIU D，YANG J，KELL Y. Compact layer free perovskite solar cells with 13.5% efficiency[J]. Journal of the American Chemical Society，2014，136（49）：17116-17122.

[75] MEI A，LI X，LIU L，et al. A hole-conductor-free，fully printable mesoscopic perovskite solar cell with high stability[J]. Science，2014，345（6194）：295-298.

[76] YANG G，TAO H，QIN P，et al. Recent progress in electron transport layers for efficient perovskite solar cells[J]. Journal of Materials Chemistry A，2016，4（11）：3970-3990.

[77] LI M H, HSU C W, SHEN P S, et al. Novel spiro-based hole transporting materials for efficient perovskite solar cells[J]. Chemical Communications, 2015, 51（85）: 15518-15521.

[78] RAKSTYS K, ABATE A, DAR M I, et al. Triazatruxene-based hole transporting materials for highly efficient perovskite solar cells[J]. Journal of the American Chemical Society, 2015, 137（51）: 16172-16178.

[79] BI D, TRESS W, DAR M I, et al. Efficient luminescent solar cells based on tailored mixed-cation perovskites[J]. Science Advances, 2016, 2（1）: 1501170.

[80] JEON N J, LEE H G, KIM Y C, et al. O-Methoxy substituents in Spiro-OMe TAD for efficient inorganic-organic hybrid perovskite solar cells[J]. Journal of the American Chemical Society, 2014, 136（22）: 7837-7840.

[81] MALINKIEWICZ O, YELLA A, LEE Y H, et al. Perovskite solar cells employing organic charge-transport layers[J]. Nature Photonics, 2014, 8（2）: 128.

[82] ZHOU H, CHEN Q, LI G, et al. Interface engineering of highly efficient perovskite solar cells[J]. Science, 2014, 345（6196）: 542-546.

[83] XU B, TIAN H, BI D, et al. Efficient solid state dye-sensitized solar cells based on an oligomer hole transport material and an organic dye[J]. Journal of Materials Chemistry A, 2013, 1（46）: 14467-14470.

[84] YAN W, LI Y, LI Y, et al. High-performance hybrid perovskite solar cells with open circuit voltage dependence on hole-transporting materials[J]. Nano Energy, 2015（16）: 428-437.

[85] FRANCKEVIČIUS M, MISHRA A, KREUZER F, et al. A dopant-free spirobi [cyclopenta[2, 1-b: 3, 4-b′]dithiophene] based hole-transport material for efficient perovskite solar cells[J]. Materials Horizons, 2015, 2（6）: 613-618.

[86] SALIBA M，ORLANDI S，MATSUI T，et al. A molecularly engineered hole-transporting material for efficient perovskite solar cells[J]. Nature Energy，2016，1（2）：15017.
[87] RAKSTYS K，SALIBA M，GAO P，et al. Highly efficient perovskite solar cells employing an easily attainable bifluorenylidene-based hole-transporting material[J]. Angewandte Chemie International Edition，2016，55（26）：7464-7468.
[88] CABAU L，GARCIA-BENITO I，MOLINA-ONTORIA A，et al. Diarylamino-substituted tetraarylethene（TAE）as an efficient and robust hole transport material for 11% methyl ammonium lead iodide perovskite solar cells[J]. Chemical Communications，2015，51（73）：13980-13982.
[89] KRISHNA A，SABBA D，YIN J，et al. Facile synthesis of a hole transporting material with a silafluorene core for efficient mesoscopic $CH_3NH_3PbI_3$ perovskite solar cells[J]. Journal of Materials Chemistry A，2016，4（22）：8750-8754.
[90] ZHU W，SHEN C，WU Y，et al. Semi-locked tetrathienylethene as promising building block for hole transporting materials：toward efficient and stable perovskite solar cells[J]. Angew. Chem. Int. Ed.，2019（18）：3784-3789.
[91] BURSCHKA J，PELLET N，MOON S J，et al. Sequential deposition as a route to high-performance perovskite-sensitized solar cells[J]. Nature，2013，499（7458）：316-319.
[92] KUNG P K，LI M H，LIN P Y，et al. A review of inorganic hole transport materials for perovskite solar cells[J]. Advanced Materials Interfaces，2018，5（22）：1800882.
[93] ZHANG H，XUE L，HAN J，et al. New generation perovskite solar cells with solution-processed amino-substituted perylene diimide derivative as electron-transport layer[J]. Journal of Materials Chemistry A，2016，4（22）：8724-8733.

[94] SHAO Y, XIAO, Z, BI C, et al. Origin and elimination of photocurrent hysteresis by fullerene passivation in $CH_3NH_3PbI_3$ planar heterojunction solar cells[J]. Nature Communications, 2014, 5 (1): 5784.

[95] YOON, H, KANG S M, LEE J K, et al. Hysteresis-free low-temperature-processed planar perovskite solar cells with 19.1% efficiency[J]. Energy & Environmental Science, 2016, 9 (7): 2262-2266.

[96] ZHU Z, XU J Q, CHUEH C C, et al. A low-temperature, solution-processable organic electron-transporting layer based on planar coronene for high-performance conventional perovskite solar cells[J]. Advanced Materials, 2016, 28 (48): 10786-10793.

[97] ZHAO D, ZHU Z, KUO M Y, et al. Hexaazatrinaphthylene derivatives: efficient electron-transporting materials with tunable energy levels for inverted perovskite solar cells[J]. Angewandte Chemie, 2016, 128 (31): 9145-9149.

[98] GU P Y, WANG N, WU A, et al. An azaacene derivative as promising electron-transport layer for inverted perovskite solar cells[J]. Chemistry—An Asian Journal, 2016, 11 (15): 2135-2138.

[99] GU P Y, WANG N, WANG C, et al. Pushing up the efficiency of planar perovskite solar cells to 18.2% with organic small molecules as the electron transport layer[J]. Journal of Materials Chemistry A, 2017, 5 (16): 7339-7344.

[100] LIN Y, SHEN L, DAI J, et al. π-conjugated lewis base: efficient trap-passivation and charge-extraction for hybrid perovskite solar cells[J]. Advanced Materials, 2017, 29 (7): 1604545.

[101] ZHENG Y B, DI Y S, RONG C S, et al. Hydrogen bond modulation in 1, 10-phenanthroline derivatives for versatile electron transport materials with high thermal stability, large electron mobility and excellent n-doping ability[J]. Sci. Bull., 2020, 65 (2): 153–160.

[102] EDRI E，KIRMAYER S，HENNING A，et al. Why lead methylammonium tri-iodide perovskite-based solar cells require a mesoporous electron transporting scaffold （but not necessarily a hole conductor）[J]. Nano Letters，2014，14（2）：1000-1004.

[103] SHAO Y，YUAN Y，HUANG，J. Correlation of energy disorder and open-circuit voltage in hybrid perovskite solar cells[J]. Nature Energy，2016，1（1）：1-6.

[104] PENG J，WU Y，YE W，et al. Interface passivation using ultrathin polymer-fullerene films for high-efficiency perovskite solar cells with negligible hysteresis[J]. Energy & Environmental Science，2017，10（8）：1792-1800.

[105] LIN L，JONES T W，YANG T C J，et al. Inorganic electron transport materials in perovskite solar cells[J]. Advanced Functional Materials，2021，31（5）：2008300.

[106] KRISHNAMOORTHY T，KUNWU F，BOIX P P，et al. A swivel-cruciform thiophene based hole-transporting material for efficient perovskite solar cells[J]. Journal of Materials Chemistry A，2014，2（18）：6305-6309.

[107] PARR R G. Density functional theory[J]. Chemical & Engineering News，1990，68（1）：2470-2484.

[108] VON BARTH U，HEDIN L. A local exchange-correlation potential for the spin polarized case[J]. Journal of Physics C：Solid State Physics，1972，5（13）：1629-1642.

[109] PERDEW J P. Erratum：density-functional approximation for the correlation energy of the inhomogeneous electron gas[J]. Physical Review B，1986，34（10）：7406.

[110] COHEN A J，SANCHEZ P M，YANG W T. Challenges for density functional theory[J]. Chem. Rev.，2012，112：289-320.

[111] FIELD M J, BASH P A, KARPLUS M. A combined quantum mechanical and molecular mechanical potential for molecular dynamics simulations. Journal of computational chemistry[J]. J. Comput. Chem. , 1990, 11（6）: 700.

[112] NARAYAN M R. Review: dye sensitized solar cells based on natural photosensitizers[J]. Renewable and Sustainable Energy Reviews, 2012, 16（1）: 208-215.

[113] ZHANG J, LI H-B, SUN S-L, et al. Density functional theory characterization and design of high-performance diarylamine-fluorene dyes with different π spacers for dye-sensitized solar cells[J]. Journal of Materials Chemistry, 2012, 22（2）: 568-576.

[114] KATOH R, FURUBE A, YOSHIHARA T, et al. Efficiencies of electron injection from excited N_3 dye into nanocrystalline semiconductor（ZrO_2, TiO_2, ZnO, Nb_2O_5, SnO_2, In_2O_3）films[J]. The Journal of Physical Chemistry B, 2004, 108（15）: 4818-4822.

[115] MARINADO T, NONOMURA K, NISSFOLK J, et al. How the nature of triphenylamine-polyene dyes in dye-sensitized solar cells affects the open-circuit voltage and electron lifetimes[J]. Langmuir, 2009, 26（4）: 2592-2598.

[116] CIOFINI I, LE BAHERS T, ADAMO C, et al. Through-space charge transfer in rod-like molecules: lessons from theory[J]. The Journal of Physical Chemistry C, 2012, 116（22）: 11946-11955.

[117] MARCUS R A. Electron transfer reactions in chemistry: theory and experiment[J]. Reviews of Modern Physics, 1993, 65（3）: 599.

[118] LEMAUR V, DA SILVA FILHO D A, COROPCEANU V, et al. Charge transport properties in discotic liquid crystals: a quantum-chemical insight into structure-property relationships [J] Journal of the American Chemical Society, 2004, 126（10）: 3271-3279.

[119] CHI W-J，LI Z-S. The theoretical investigation on the 4-（4-phenyl-4-α-naphthylbutadieny）-triphenylamine derivatives as hole transporting materials for perovskite-type solar cells[J]. Physical Chemistry Chemical Physics，2015，17（8）：5991-5998.

[120] DENG W Q，SUN L，HUANG J D，et al. Quantitative prediction of charge mobilities of π-stacked systems by first-principles simulation[J]. Nature Protocols，2015，10（4）：632.

[121] SENTHILKUMAR K，GROZEMA F，BICKELHAUPT F，et al. Charge transport in columnar stacked triphenylenes：effects of conformational fluctuations on charge transfer integrals and site energies[J]. The Journal of Chemical Physics，2003，119（18）：9809-9817.

[122] DENG W-Q，GODDARD W A. Predictions of hole mobilities in oligoacene organic semiconductors from quantum mechanical calculations[J]. The Journal of Physical Chemistry B，2004，108（25）：8614-8621.

[123] YANG X，LI Q，SHUAI Z. Theoretical modelling of carrier transports in molecular semiconductors：molecular design of triphenylamine dimer systems[J]. Nanotechnology，2007，18（42）：424029.

[124] WEN S H，LI A，SONG J，et al. First-principles investigation of anistropic hole mobilities in organic semiconductors[J]. The Journal of Physical Chemistry B，2009，113（26）：8813-8819.

[125] O'REGAN B，GRFITZELI M. A low-cost，high-efficiency solar cell based on dye-sensitized[J]. Rature，1991，353（6346）：737-740.

[126] GRÄTZEL M. Photoelectrochemical cells[J]. Nature，2001，414（6861）：338-344.

[127] OOYAMA Y，HARIMA Y. Molecular designs and syntheses of organic dyes for dye-sensitized solar cells[J]. European Journal of Organic Chemistry，2009，2009（18）：2903-2934.

[128] URBANI M，GRÄTZEL M，NAZEERUDDIN M K，et al. Meso-substituted porphyrins for dye-sensitized solar cells[J]. Chemical Reviews，2014，114（24）：12330-12396.

[129] GENDRON D，LECLERC M. New conjugated polymers for plastic solar cells[J]. Energy & Environmental Science，2011，4（4）：1225-1237.

[130] PERERA I R，DAENEKE T，MAKUTA S，et al. Application of the tris（acetylacetonato）iron（III）/（II）redox couple in p-type dye-sensitized solar cells[J]. Angewandte Chemie International Edition，2015，54（12）：3758-3762.

[131] LONG R，PREZHDO O V. Ab initio nonadiabatic molecular dynamics of the ultrafast electron injection from a PbSe quantum dot into the TiO_2 surface[J]. Journal of the American Chemical Society，2011，133（47）：19240-19249.

[132] YUAN W，ZHAO H，HU H，et al. Synthesis and characterization of the hole-conducting silica/polymer nanocomposites and application in solid-state dye-sensitized solar cell[J]. ACS applied materials & interfaces，2013，5（10）：4155-4161.

[133] MORI S，NAGATA M，NAKAHATA Y，et al. Enhancement of incident photon-to-current conversion efficiency for phthalocyanine-sensitized solar cells by 3D molecular structuralization[J]. Journal of the American Chemical Society，2010，132（12）：4054-4055.

[134] NING Z，TIAN H. Triarylamine：a promising core unit for efficient photovoltaic materials[J]. Chemical Communications，2009（37）：5483-5495.

[135] LI L L，DIAU W G. Porphyrin-sensitized solar cells[J]. Chemical Society Reviews，2013，42（1）：291-304.

[136] NING Z，FU Y，TIAN H. Improvement of dye-sensitized solar cells：what we know and what we need to know[J]. Energy & Environmental Science，2010，3（9）：1170-1181.

[137] HOLLIMAN P J，AL-SALIHI K J，CONNELL A，et al. Development of selective，ultra-fast multiple co-sensitization to control dye loading in dye-sensitized solar cells[J]. RSC Advances，2014，4（5）：2515-2522.

[138] PIATKOWSKI P，MARTIN C，DI NUNZIO M R，et al. Complete photodynamics of the efficient Yd2-o-C8-based solar cell[J]. The Journal of Physical Chemistry C，2014，118（51）：29674-29687.

[139] CHAITANYA K，JU X H，HERON B M. Theoretical study on the light harvesting efficiency of zinc porphyrin sensitizers for DSSCs[J]. RSC Advances，2014，4（51）：26621-26634.

[140] ZHANG J Z，ZHANG J，LI H B，et al. Modulation on charge recombination and light harvesting toward high-performance benzothiadiazole-based sensitizers in dye-sensitized solar cells：a theoretical investigation[J]. Journal of Power Sources，2014，267：300-308.

[141] SAKONG C，KIM H J，KIM S H，et al. Synthesis and applications of new triphenylamine dyes with donor-donor-（bridge）-acceptor structure for organic dye-sensitized solar cells[J]. New Journal of Chemistry，2012，36（10）：2025-2032.

[142] WAN Z，JIA C，ZHANG J，et al. Triphenylamine-based starburst dyes with carbazole and phenothiazine antennas for dye-sensitized solar cells[J]. Journal of Power Sources，2012，199（1）：426-431.

[143] JIANG X，KARLSSON K M，GABRIELSSON E，et al. Highly efficient solid-state dye-sensitized solar cells based on triphenylamine dyes[J] Advanced Functional Materials，2011，21（15）：2944-2952.

[144] LIU B，WANG B，WANG R，et al. Influence of conjugated π-linker in D-D-π-A indoline dyes：towards long-term stable and efficient dye-sensitized solar cells with high photovoltage[J]. Journal of Materials Chemistry A，2014，2（3）：804-812.

[145] KUANG D，UCHIDA S，HUMPHRY-BAKER R，et al. Organic dye-sensitized ionic liquid based solar cells：remarkable enhancement in performance through molecular design of indoline sensitizers[J]. Angewandte Chemie International Edition，2008，47（10）：1923-1927.

[146] REN Y，LI Y，CHEN S，et al. Improving the performance of dye-sensitized solar cells with electron-donor and electron-acceptor characteristic of planar electronic skeletons[J]. Energy & Environmental Science，2016，9（4）：1390-1399.

[147] YAO Z，WU H，REN Y，et al. A structurally simple perylene dye with ethynylbenzothiadiazole-benzoic acid as the electron acceptor achieves an over 10% power conversion efficiency[J]. Energy & Environmental Science，2015，8（5）：1438-1442.

[148] YAO Z，ZHANG M，WU H，et al. Donor/acceptor indenoperylene dye for highly efficient organic dye-sensitized solar cells[J]. Journal of the American Chemical Society，2015，137（11）：3799-3802.

[149] HUANG J F，LIU J M，TAN L L，et al. Novel carbazole based sensitizers for efficient dye-sensitized solar cells：role of the hexyl chain[J]. Dyes and Pigments，2015，114：18-23.

[150] YANG C H，LIN W C，WANG T L，et al. Performance variation from triphenylamine-to carbazole–triphenylamine–rhodaniline-3-acetic acid dyes in dye-sensitized solar cells[J]. Materials Chemistry and Physics，2011，130（1）：635-643.

[151] ZHOU N，PRABAKARAN K，LEE B，et al. Metal-free tetrathienoacene sensitizers for high-performance dye-sensitized solar cells[J]. Journal of the American Chemical Society，2015，137（13）：4414-4423.

[152] NI J S，YEN Y C，LIN J T. Organic dyes with a fused segment comprising benzotriazole and thieno [3，2-b] pyrrole entities as the conjugated spacer for high performance dye-sensitized solar cells[J]. Chemical Communications，2015，51（96）：17080-17083.

[153] FRISCH M，TRUCKS G，SCHLEGEL H B，et al. Gaussian 09（Revision D.01）[Z]. Gaussian，Inc.：Wallingford，CT，2009.

[154] YANAI T，TEW D P，HANDY N C. A new hybrid exchange–correlation functional using the coulomb-attenuating method（CAM-B3LYP）[J]. Chemical Physics Letters，2004，393（1）：51-57.

[155] YU P，ZHANG F，LI M，et al. Influence of position of auxiliary acceptor in D–A–π–A photosensitizes on photovoltaic performances of dye-sensitized solar cells[J]. Journal of Materials Science，2015，50（22）：7333-7342.

[156] LU T，CHEN F. Multiwfn：a multifunctional wavefunction analyzer[J]. Journal of Computational Chemistry，2012，33（5）：580-592.

[157] ORDON P，TACHIBANA A. Investigation of the role of the C-PCM solvent effect in reactivity indices[J]. Journal of Chemical Sciences，2005，117（5）：583-589.

[158] LI H B，ZHANG J，WU Y，et al. Theoretical study and design of triphenylamine-malononitrile-based p-type organic dyes with different π-linkers for dyes-sensitized solar cells[J]. Dyes and Pigments，2014，108：106-114.

[159] JIN J L，LI H B，GENG Y，et al. Theoretical insight into the origin of large stokes shift and photophysical properties of anilido-pyridine boron difluoride dyes[J]. ChemPhysChem，2012，13（16）：3714-3722.

[160] FITRI A，BENJELLOUN A T，BENZAKOUR M，et al. Theoretical investigation of new thiazolothiazole-based D-π-A organic dyes for efficient dye-sensitized solar cell[J]. Spectrochimica Acta Part A：Molecular and Biomolecular Spectroscopy，2014，124：646-654.

[161] STECKLER T T，HENRIKSSON P，MOLLINGER S，et al. Very low band gap thiadiazoloquinoxaline donor–acceptor polymers as multi-tool conjugated polymers[J]. Journal of the American Chemical Society，2014，136（4）：1190-1193.

[162] YELLA A，HUMPHRY-BAKER R，CURCHOD B F，et al. Molecular engineering of a fluorene donor for dye-sensitized solar cells[J]. Chemistry of Materials，2013，25（13）：2733-2739.

[163] DING W L，WANG D M，GENG Z Y，et al. Molecular engineering of indoline-based D–A–π–A organic sensitizers toward high efficiency performance from first-principles calculations[J]. The Journal of Physical Chemistry C，2013，117（34）：17382-17398.

[164] LU Y H，LIU R R，ZHU K L，et al. Theoretical study on the application of double-donor branched organic dyes in dye-sensitized solar cells[J]. Materials Chemistry and Physics，2016，181：284-294.

[165] NARA M，TORII H，TASUMI M. Correlation between the vibrational frequencies of the carboxylate group and the types of its coordination to a metal ion：an ab initio molecular orbital study[J]. The Journal of Physical Chemistry，1996，100（51）：19812-19817.

[166] DEACON G，PHILLIPS R. Relationships between the carbon-oxygen stretching frequencies of carboxylato complexes and the type of carboxylate coordination[J]. Coordination Chemistry Reviews，1980，33（3）：227-250.

[167] TIAN H，YANG X，CHEN R，et al. Effect of different dye baths and dye-structures on the performance of dye-sensitized solar cells based on triphenylamine dyes[J]. The Journal of Physical Chemistry C，2008，112（29）：11023-11033.

[168] PASTORE M，DE ANGELIS F. Computational modeling of stark effects in organic dye-sensitized TiO_2 heterointerfaces[J]. The Journal of Physical Chemistry Letters，2011，2（11）：1261-1267.

[169] CHEN P，YUM J H，ANGELIS F D，et al. High open-circuit voltage solid-state dye-sensitized solar cells with organic dye[J]. Nano Letters，2009，9（6）：2487-2492.

[170] GUO M, HE R, DAI Y, et al. Electron-deficient pyrimidine adopted in porphyrin sensitizers: a theoretical interpretation of π-spacers leading to highly efficient photo-to-electric conversion performances in dye-sensitized solar cellsv[J]. The Journal of Physical Chemistry C, 2012, 116 (16): 9166-9179.

[171] CAPODILUPO A L, DE MARCO L, CORRENTE G A, et al. Synthesis and characterization of a new series of dibenzofulvene based organic dyes for DSSCs[J]. Dyes and Pigments, 2016, 130: 79-89.

[172] KAVAN L. Electrochemistry and dye-sensitized solar cells[J]. Current Opinion in Electrochemistry, 2017, 2 (1): 88-96.

[173] AGHAZADA S, NAZEERUDDIN M. Ruthenium complexes as sensitizers in dye-sensitized solar cells[J]. Inorganics, 2018, 6 (2): 52.

[174] BABU D D, GACHUMALE S R, ANANDAN S, et al. New D-π-A type indole based chromogens for DSSC: design, synthesis and performance studies[J]. Dyes and Pigments, 2015, 112: 183-191.

[175] LIANG M, CHEN J. Arylamine organic dyes for dye-sensitized solar cells[J]. Chemical Society Reviews, 2013, 42 (8): 3453-3488.

[176] FERDOWSI P, SAYGILI Y, ZHANG W, et al. Molecular design of efficient organic D-A—A dye featuring triphenylamine as donor fragment for application in dye-sensitized solar cells[J]. Chem Sus Chem, 2018, 11 (2): 494-502.

[177] JEON N J, NOH J H, YANG W S, et al. Compositional engineering of perovskite materials for high-performance solar cells[J]. Nature, 2015, 517 (7535): 476-480.

[178] MCMEEKIN D P, SADOUGHI G, REHMAN W, et al. A mixed-cation lead mixed-halide perovskite absorber for tandem solar cells[J]. Science, 2016, 351 (6269): 151-155.

[179] AHN N, SON D Y, JANG I H, et al. Highly reproducible perovskite solar cells with average efficiency of 18.3% and best efficiency of 19.7% fabricated via Lewis base adduct of lead（II） iodide[J]. Journal of the American Chemical Society, 2015, 137（27）: 8696-8699.

[180] YANG W S, NOH J H, JEON N J, et al. High-performance photovoltaic perovskite layers fabricated through intramolecular exchange[J]. Science, 2015, 348（6240）: 1234-1237.

[181] TRESS W, MARINOVA N, INGANÄS O, et al. The role of the hole-transport layer in perovskite solar cells-reducing recombination and increasing absorption[J]. Proc 2014 IEEE 40th Photovoltaic Specialist Conference（PVSC）: IEEE, 2014: 1563-1566.

[182] PARK S, HEO J H, CHEON C H, et al. A [2, 2] paracyclophane triarylamine-based hole-transporting material for high performance perovskite solar cells[J]. Journal of Materials Chemistry A, 2015, 3（48）: 24215-24220.

[183] NISHIMURA H, ISHIDA N, SHIMAZAKI A, et al. Hole-transporting materials with a two-dimensionally expanded π-system around an azulene core for efficient perovskite solar cells[J]. Journal of the American Chemical Society, 2015, 137（50）: 15656-15659.

[184] LIU Y, HONG Z, CHEN Q, et al. Perovskite solar cells employing dopant-free organic hole transport materials with tunable energy levels[J]. Advanced Materials, 2016, 28（3）: 440-446.

[185] BANDARA J, WEERASINGHE H. Solid-state dye-sensitized solar cell with p-type NiO as a hole collector[J]. Solar Energy Materials and Solar Cells, 2005, 85（3）: 385-390.

[186] GROUP I A I I R. Accelrys Inc[J].Analytical Instrument Industry Report, 2004（21）: 20.

[187] BRÉDAS J-L，BELJONNE D，COROPCEANU V，et al. Charge-transfer and energy-transfer processes in π-conjugated oligomers and polymers：a molecular picture[J]. Chemical Reviews，2004，104（11）：4971-5004.
[188] HUA Y，ZHANG J，XU B，et al. Facile synthesis of fluorene-based hole transport materials for highly efficient perovskite solar cells and solid-state dye-sensitized solar cells[J]. Nano Energy，2016，26：108-113.
[189] SUM TC，CHEN S，XING G，et al. Energetics and dynamics in organic? inorganic halide perovskite photovoltaics and light emitters[J]. Nanotechnology，2015，26（34）：342001.
[190] MARCUS R. Chemical and electrochemical electron-transfer theory[J]. Annual Review of Physical Chemistry，1964，15（1）：155-196.
[191] COROPCEANU V，CORNIL J，DA SILVA FILHO D A，et al. Charge transport in organic semiconductors[J]. Chemical Reviews，2007，107（4）：926-952.
[192] FRANCESCHETTI A，ZUNGER A. Direct pseudopotential calculation of exciton coulomb and exchange energies in semiconductor quantum dots[J]. Physical Review Letters，1997，78（5）：915.
[193] ZHEN C-G，BECKER U，KIEFFER J. Tuning electronic properties of functionalized polyhedral oligomeric silsesquioxanes：a DFT and TDDFT study[J]. The Journal of Physical Chemistry A，2009，113（35）：9707-9714.
[194] LI Y，PULLERITS T，ZHAO M，et al. Theoretical characterization of the PC60BM：PDDTT model for an organic solar cell[J]. The Journal of Physical Chemistry C，2011，115（44）：21865-21873.
[195] SCHOLES G D，RUMBLES G. Excitons in nanoscale systems[J]. Nature Materials，2006，5（9）：683-696.
[196] CHI W J，LI Q S，LI Z S. Effects of molecular configuration on charge diffusion kinetics within hole-transporting materials for perovskites solar

cells[J]. The Journal of Physical Chemistry C，2015，119（16）：8584-8590.

[197] XU B，ZHANG J，HUA Y，et al. Tailor-making low-cost spiro [fluorene-9，9′-xanthene]-based 3D oligomers for perovskite solar cells[J]. Chem，2017，2（5）：676-687.

[198] JIN R，CHANG Y. A theoretical study on photophysical properties of triphenylamine-cored molecules with naphthalimide arms and different π-conjugated bridges as organic solar cell materials[J]. Physical Chemistry Chemical Physics，2015，17（3）：2094-2103.

[199] SUN F，JIN R. Optical and charge transport properties of N-butyl-1，8-naphthalimide derivatives as organic light-emitting materials：a theoretical study[J]. Journal of Luminescence，2014，149：125-132.

[200] PEARSON R G. Absolute electronegativity and absolute hardness of Lewis acids and bases[J]. Journal of the American Chemical Society，1985，107（24）：6801-6806.

[201] STARK M S. Epoxidation of alkenes by peroxyl radicals in the gas phase：structure-activity relationships[J]. The Journal of Physical Chemistry A，1997，101（44）：8296-8301.

[202] SONG P，GUAN B，ZHOU Q，et al. Effect of the phenoxy groups on PDIB and its derivatives [J]. Scientific Reports，2016，6（1）：35555.

[203] POLITZER P，MURRAY J S，CLARK T. Halogen bonding：an electrostatically-driven highly directional noncovalent interaction [J]. Physical Chemistry Chemical Physics，2010，12（28）：7748-7757.

[204] LUO D，YANG W，WANG Z A，et al. Enhanced photovoltage for inverted planar heterojunction perovskite solar cells[J]. Science，2018，360（6396）：1442-1446.

[205] KIM H S，LEE C R，IM J H，et al. Lead iodide perovskite sensitized all-solid-state submicron thin film mesoscopic solar cell with efficiency exceeding 9% [J]. Scientific Reports，2012，2（1）：591.

[206] SALIM T, SUN S, ABE Y, et al. Perovskite-based solar cells: impact of morphology and device architecture on device performance[J]. Journal of Materials Chemistry A, 2015, 3（17）: 8943-8969.

[207] XING G, MATHEWS N, SUN S, et al. Long-range balanced electron-and hole-transport lengths in organic-inorganic $CH_3NH_3PbI_3$[J]. Science, 2013, 342（6156）: 344-347.

[208] CORREA-BAENA J P, ABATE A, SALIBA M, et al. The rapid evolution of highly efficient perovskite solar cells[J]. Energy & Environmental Science, 2017, 10（3）: 710-727.

[209] ZHU S, JIANG M, YE J, et al. Optical properties of photovoltaic materials: organic-inorganic mixed halide perovskites $CH_3NH_3Pb(I_{(1-y)}X_y)_3$（$X$=Cl, Br）[J]. Computational and Theoretical Chemistry, 2018, 1144: 1-8.

[210] KIM H S, IM S H, PARK N G. Organolead halide perovskite: new horizons in solar cell research [J]. The Journal of Physical Chemistry C, 2014, 118（11）: 5615-5625.

[211] JEON N J, NA H, JUNG E H, et al. A fluorene-terminated hole-transporting material for highly efficient and stable perovskite solar cells[J]. Nature Energy, 2018, 3（8）: 682.

[212] SUN K, MA Y, ZHANG W, et al. New carbazole-based dyes with asymmetric butterfly structure for dye-sensitized solar cells: design and properties studies[J]. Dyes and Pigments, 2017, 139: 148-156.

[213] CASTRO E, ZAVALA G, SEETHARAMAN S, et al. Impact of fullerene derivative isomeric purity on the performance of inverted planar perovskite solar cells[J]. Journal of Materials Chemistry A, 2017, 5（36）: 19485-19490.

[214] CHOI H, PAEK S, LIM N, et al. Efficient perovskite solar cells with 13.63% efficiency based on planar triphenylamine hole conductors[J]. Chemistry–A European Journal, 2014, 20（35）: 10894-10899.

[215] LIU X, KONG F, GUO F, et al. Influence of π-linker on triphenylamine-based hole transporting materials in perovskite solar cells[J]. Dyes and Pigments, 2017, 139: 129-135.

[216] PHAM H D, HU H, FERON K, et al. Thienylvinylenethienyl and naphthalene core substituted with triphenylamines—highly efficient hole transporting materials and their comparative study for inverted perovskite solar cells[J]. Solar RRL, 2017, 1(8): 1700105.

[217] JEON N J, LEE J, NOH J H, et al, Efficient inorganic-organic hybrid perovskite solar cells based on pyrene arylamine derivatives as hole-transporting materials[J]. Journal of the American Chemical Society, 2013, 135(51): 19087-19090.

[218] XU B, SHEIBANI E, LIU P, et al. Carbazole-based hole-transport materials for efficient solid-state dye-sensitized solar cells and perovskite solar cells[J]. Advanced Materials, 2014, 26(38): 6629-6634.

[219] GRATIA P, MAGOMEDOV A, MALINAUSKAS T, et al. A methoxydiphenylamine-substituted carbazole twin derivative: an efficient hole-transporting material for perovskite solar cells[J]. Angewandte Chemie International Edition, 2015, 54(39): 11409-11413.

[220] MAGOMEDOV A, PAEK S, GRATIA P, et al. Diphenylamine-substituted carbazole-based hole transporting materials for perovskite solar cells: influence of isomeric derivatives[J]. Advanced Functional Materials, 2018, 28(9): 1704351.

[221] SUN Y, WELCH G C, LEONG W L, et al. Solution-processed small-molecule solar cells with 6.7% efficiency[J]. Nature Materials, 2012, 11(1): 44-48.

[222] KRISHNA A, SABBA D, YIN J, et al. Facile Synthesis of a furan-arylamine hole-transporting material for high-efficiency, mesoscopic perovskite solar cells[J]. Chemistry: A European Journal, 2015, 21(43): 15113-15117.

[223] GARCÍA-BENITO I，ZIMMERMANN I，URIETA-MORA J，et al. Heteroatom effect on star-shaped hole-transporting materials for perovskite solar cells[J]. Advanced Functional Materials，2018，28（31）：1801734.

[224] ZHANG Z，HU W，CUI J，et al. Theoretical insights into the effect of a conjugated core on the hole transport properties of hole-transporting materials for perovskite solar cells[J]. Physical Chemistry Chemical Physics，2017，19（36）：24574-24582.

[225] CHI W J，LI Q S，LI Z S. Exploring the electrochemical properties of hole transport materials with spiro-cores for efficient perovskite solar cells from first-principles[J]. Nanoscale，2016，8（11）：6146-6154.

[226] ZHANG Y，LI Y，CHEN C，et al. Design new hole transport materials for efficient perovskite solar cells by suitable combination of donor and core groups[J]. Organic Electronics，2017，49：255-261.

[227] DENG J，HU W，SHEN W，et al. Exploring the electrochemical properties of hole transporting materials from first-principles calculations：an efficient strategy to improve the performance of perovskite solar cells[J]. Physical Chemistry Chemical Physics，2019，21（3）：1235-1241.

[228] ZHANG Z，HU W，HE R，et al. The influence of inserted thiophene into the（π-A′-π）-bridge on photovoltaic performances of dye-sensitized solar cells[J]. Materials Chemistry and Physics，2017，191：121-128.

[229] ZHANG W，HENG P，SU H，et al. Rational design of high-efficiency organic dyes in dye-sensitized solar cells by multiscale simulations[J]. The Journal of Physical Chemistry C，2018，122（44）：25219-25228.

[230] DING Y，JIANG Y，ZHANG W，et al. Influence of heterocyclic spacer and end substitution on hole transporting properties based on triphenylamine derivatives: theoretical investigation[J]. The Journal of Physical Chemistry C，2017，121（31）：16731-16738.

[231] OSHI R，ABDALLA S，SPRINGBORG M. Theoretical study on functionalized anthracene and tetraceneas starting species to produce

promising semiconductor materials[J]. Computational and Theoretical Chemistry，2018，1128：60–69.

[232] LI Y，ZHANG Y，ZHANG J，et al. Constructive effects of the interfacial properties：a strategy to design hole transport materials for high performance perovskite solar cells[J]. Organic Electronics，2018，62：591–597.

[233] ZHANG Y，GUO J，SU H，et al. A rational design of hole–transport small molecules based on fluorene with different modified groups for organic lead–halide perovskite solar cells[J]. Dyes and Pigments，2018，154：275–281.

[234] CALIO L，KAZIM S，GRATZEL M，et al. Hole–transport materials for perovskite solar cells[J]. Angew. Chemie–Int. Ed.，2016，55（47）：14522–14545.

[235] KRISHNA A，GRIMSDALE A C. Hole transporting materials for mesoscopic perovskite solar cells–towards a rational design?[J] J. Mater. Chem. A，2017，5（32）：16446–16466.

[236] YANG G，TAO H，QIN P，et al. Recent progress in electron transport layers for effcient perovskite solar cells[J]. J. Mater. Chem. A，2016，4（11）：3970–3990.

[237] MAHMOOD K，SARWAR S，MEHRAN M T. Current status of electron transport layers in perovskite solar cells：materials and properties[J]. RSC Adv.，2017，7（28）：17044–17062.

[238] WALKER B，KIM C，NGUYEN T Q. Small molecule solution–processed bulk heterojunction solar cells[J]. Chem. Mater.，2011，23（3）：470–482.

[239] LOSER S，BRUNS C J，MIYAUCHI H，et al. A naphthodithiophene–diketopyrrolopyrrole donor molecule for effcient solutionprocessed solar cells[J]. J. Am. Chem. Soc.，2011，133（21）：8142–8145.

[240] KULARATNE R S，MAGURUDENIYA H D，SISTA P，et al. Donor–acceptor semiconducting polymers for organic solar cells[J]. J. Polym. Sci.，Part A：Polym. Chem.，2013，51（4）：743–768.

[241] SHIROTA Y，KAGEYAMA H. Charge carrier transporting molecular materials and their applications in devices[J]. Chem. Rev.，2007，107（4）：953–1010.
[242] XIAO L，CHEN Z，QU B L，et al. Recent progresses on materials for electrophosphorescent organic light - mitting devices[J]. Adv. Mater，2011，23（8）：926–952.
[243] NISHIMURAH，HASEGAWY A，WAKAMIYA A，et al. Development of transparent organic hole–transporting materials using partially oxygen–bridged triphenylamine skeletons[J]. Chem. Lett.，2017，46（6）：817–820.
[244] YOKOYAMA D. Molecular orientation in small–molecule organic light–emitting diodes[J]. J. Mater. Chem.，2011，21（48）：19187–19202.
[245] OSAKA I，TAKIMIYA K. Backbone orientation in semiconducting polymers[J]. Polymer，2015，59：1–15.
[246] NAKAMURA T，SHIOYA N，HASEGAWA T，et al. Wakamiya，phthalimide–based transparent electron–transport materials with oriented amorphous structures：preparation from solution–processed precursor films[J]. ChemPlusChem，2019，84（9）：1396–1404.
[247] GENG Y，WU S X，LI H B，et al. A theoretical discussion on the relationships among molecular packings，intermolecular interactions，and electron transport properties for naphthalene tetracarboxylic diimide derivatives[J]. J. Mater. Chem.，2011，21（39）：15558–15566.
[248] BR'EDAS J L，BELJONNE D，COROPCEANU V，et al. Charge–transfer and energytransfer processes in π–conjugated oligomers and polymers：a molecular picture[J]. Chem. Rev.，2004，104（11）：4971–5004.
[249] ZHANG Z，HE R. Effect of heterocyclic spacer on property of hole–transporting materials with silafluorene core for perovskite solar cells[J]. Comput. Theor. Chem.，2019，1161：10–17.

[250] LI R，LI C，LIU M，et al. Hydrogen-bonded dopant-free hole transport material enables effcient and stable inverted perovskite solar cells[J]. CCS Chem，2022，4（9）：3084-3094.

[251] YAO J，YU C，LIU Z，et al. Signifcant improvement of semiconducting performance of the diketopyrrolopyrrole–quaterthiophene conjugated polymer through side-chain engineering via hydrogen-bonding[J]. J. Am. Chem. Soc.，2016，138（1）：173–185.

[252] OH J Y，RONDEAU-GAGN'E S，CHIU Y C，et al. Intrinsically stretchable and healable semiconducting polymer for organic transistors[J]. Nature，2016，539（7629）：411–415.

[253] WANG S，WANG Z，HUANG Y，et al. Directly patterning conductive polymer electrodes on organic semiconductor via in situ polymerization in microchannels for high-performance organic transistors[J]. ACS Appl. Mater. Interfaces，2021，13（15）：17852–17860.

[254] ZHANG H，LI R，DENG Z，et al. π-Conjugated oligomers based on aminobenzodifuranone and diketopyrrolopyrrole[J]. Dyes Pigm.，2020，181：108552.

[255] ZHANG H，DENG R，WANG J，et al. Crystalline organic pigment-based feld-effect transistors[J]. ACS Appl. Mater. Interfaces，2017，9（26）：21891–21899.

[256] ZHANG Y，HENG P，SU H，et al. Star-shaped molecules as dopant-free hole transporting materials for efficient perovskite solar cells：multiscale simulation[J]. Chem. Record，2019，19（5）：938–946.

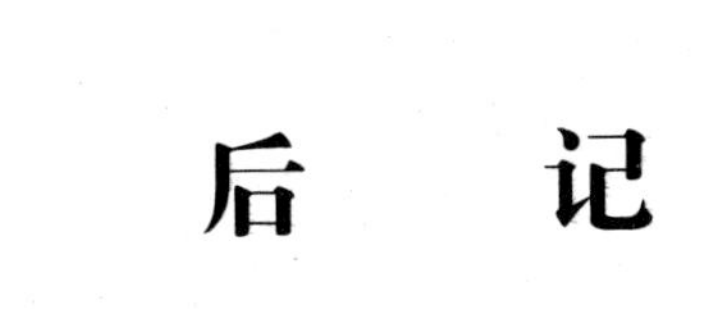

后　记

染料敏化太阳能电池和钙钛矿太阳能电池具有制备工艺简单、易加工、质量轻、成本低等优点，在光伏领域获得了广泛的关注，尤其是钙钛矿太阳能电池的光电转换效率获得了很大的提高。此外，电池中小分子光电材料的设计和理论研究也是目前的热点。通过不同的理论方法对不同的体系进行模拟计算来了解各种结构的作用和机理，不仅能为整个太阳能电池的光电转换原理提供有效的解释，还能通过理论设计各种材料，从而为提高整个电池的效率以及有效地降低制备成本提供有效的策略。目前，合成材料之前先进行理论模拟与计算逐渐成为多数研究者的选择。

本书的出版得到了很多帮助，在此编者衷心感谢编写过程中获得的各方支持：首先感谢西南大学何荣幸教授，是何教授把作者领进了小分子光电材料设计与模拟研究的大门，并使作者受益终身；其次感谢李明和申伟教授的支持，是他们的言传身教，使作者受益颇多；最后感谢课题组内的李文倩、胡伟霞、崔健玉和文地茂，是他们的支持和鼓励使作者一路坚持下来。本书的第 1 ～ 3 章、第 5 ～ 6 章内容根据硕士论文进行改编和完善，第 4 章和第 7 章内容为工作以来的研究内容。

特别感谢六盘水师范学院、六盘水师范学院2024年上半年学术专著出版资助（2024）、六盘水师范学院学科团队（LPSSY2023 XKTD04）的支持。本书为贵州省教育厅自然科学研究项目“有机电子传输材料在钙钛矿界面的光电性质研究”的阶段性研究成果、六盘水师范学院学科团队建设成果以及作者硕士研究生期间的科研成果。